软件应用基础
——Visual FoxPro 程序设计实验指导与习题集

主　编　任　艳

副主编　蔡咏梅

科学出版社

北　京

内 容 简 介

本书与主教材紧密结合，立足于"理论够用、操作熟练、案例驱动、重在实践、考试过关"的要求，力求把知识点融入到具体的实践练习中，循序渐进地培养学生的实际操作能力，便于教师的实验教学和学生课后学习使用。

本书分为实验、习题两部分，实验部分给出了具有代表性的实验内容，帮助读者熟练掌握所学内容；习题部分给出了大量习题，帮助读者巩固所学知识。

全书内容符合全国计算机等级考试的要求，可以作为高等院校非计算机专业 Visual FoxPro 程序设计课程的辅导教材和全国计算机等级考试辅导教材。

图书在版编目(CIP)数据

软件应用基础：Visual FoxPro 程序设计实验指导与习题集 / 任艳主编.
—北京：科学出版社，2016.1
ISBN 978-7-03-047093-5

Ⅰ．①V… Ⅱ．①任… Ⅲ．①关系数据库系统－程序设计－高等学校－教学参考资料 Ⅳ．①TP311.138

中国版本图书馆 CIP 数据核字(2016)第 010042 号

责任编辑：于海云 / 责任校对：桂伟利
责任印制：霍 兵 / 封面设计：迷底书装

科 学 出 版 社 出版
北京东黄城根北街 16 号
邮政编码：100717
http://www.sciencep.com
新科印刷有限公司 印刷

科学出版社发行 各地新华书店经销
*
2016 年 1 月第 一 版 开本：787×1092 1/16
2018 年 1 月第三次印刷 印张：8 1/2
字数：201 000
定价：**27.00 元**
(如有印装质量问题，我社负责调换)

前　言

　　本书是《软件应用基础——Visual FoxPro 程序设计》配套的实验指导及习题集。数据库技术已经渗透到我们的生活及工作环境中。能否熟练掌握数据库技术的基本原理和基本操作，是衡量每一位 21 世纪大学生的基本素质高低的标准之一。

　　本书共分两大部分。第一部分为实验部分，该部分包括了 Visual FoxPro 9.0 操作初步；变量、表达式和函数；项目管理器和数据库和表的创建与操作；结构化查询 SQL 的基本操作；查询与视图操作；结构化程序设计；表单设计；报表与标签设计；菜单设计 9 个实验。第二部分为习题部分，主要是配合主教材内容，给出了与主教材对应的 9 章习题，所选习题带有典型性、启发性，尽可能使学生在练习中把握重点、突破难点，不断提高答题的正确性。

　　本书实验和习题第 1、4、5 部分由张菊玲编写，第 2、6 部分由韩莉英编写，第 3 部分由蔡咏梅编写，第 7 部分由任艳和徐春共同编写，第 8、9 部分由任艳编写。本书定稿时，由郭文强教授审阅，在此表示衷心的感谢。全书由任艳、蔡咏梅统稿。

　　由于作者水平有限，书中难免出现错误，恳请读者批评指正。

编　者

2015 年 11 月

目 录

实 验 部 分

实验 1　Visual FoxPro 9.0 操作初步

一、实验目的

(1) 了解 Visual Foxpro 9.0 运行所需的软件和硬件环境。

(2) 掌握 Visual Foxpro 9.0 的启动和退出方法。

(3) 掌握 Visual Foxpro 9.0 主窗口各组成部分的使用方法。

(4) 掌握 Visual Foxpro 9.0 系统环境配置方法。

二、实验内容

1. 从"开始"菜单启动 Visual FoxPro 9.0

操作步骤如下：

(1) 单击"开始"按钮，打开"程序"菜单。

(2) 选择"Microsoft Visual FoxPro 9.0"命令。

(3) 启动"Microsoft Visual FoxPro 9.0"系统程序。"Microsoft Visual FoxPro 9.0"系统程序启动后如图 1.1 所示。

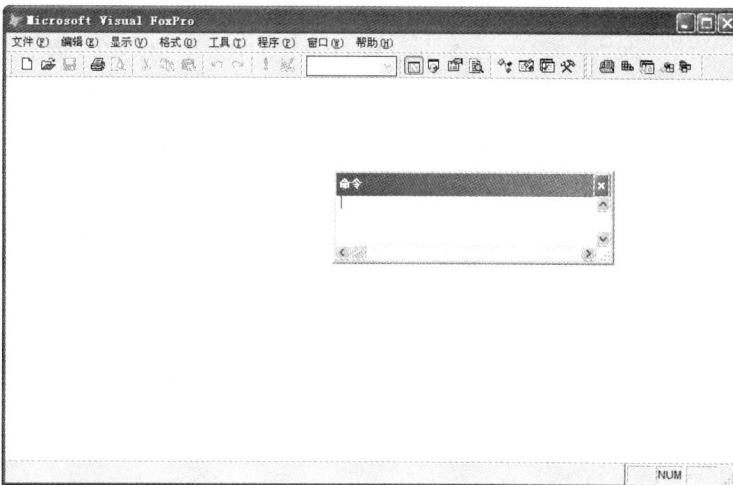

图 1.1　VFP 9.0 主界面

2. 从资源管理器中启动 Visual FoxPro 9.0

操作步骤如下：

(1)利用资源管理器找到\Microsoft Visual FoxPro 9 目录，在 VFP9 图标上双击左键，完成 Visual FoxPro 系统的启动。

(2)"Microsoft Visual FoxPro 9.0"系统程序启动后如图 1.1 所示。

3. 从"运行"对话框中启动 Visual FoxPro 9.0

操作步骤如下：

(1)打开"开始"菜单，选择"运行"选项，进入"运行"窗口。

(2)在对话框中输入"C:\Program Files\VFP9\vfp9.exe"再按"确定"按钮。

(3)"Microsoft Visual FoxPro 9.0"系统程序启动后如图 1.1 所示。

4. Visual FoxPro 9.0 系统的退出

退出 Visual FoxPro 9.0 系统，可以使用以下几种方法：

(1)在 Microsoft Visual FoxPro 主菜单中，打开"文件"菜单，选择"退出"命令。

(2)按 Alt+F4 组合键。

(3)按 Ctrl+Alt+Del 组合键，进入"Windows 任务管理器"窗口，选择"Microsoft Visual FoxPro"按"结束任务"按钮。

(4)在 Microsoft Visual FoxPro 的系统环境窗口，单击其右上角的关闭按钮。

(5)在"命令"窗口，输入 Quit 命令，并按回车键。

5. Visual FoxPro 9.0 工具栏的激活方法

操作步骤如下：

(1)在 Visual FoxPro 系统窗口中，打开"显示"菜单，选择"工具栏"命令，打开"工具栏"对话框，如图 1.2 所示。

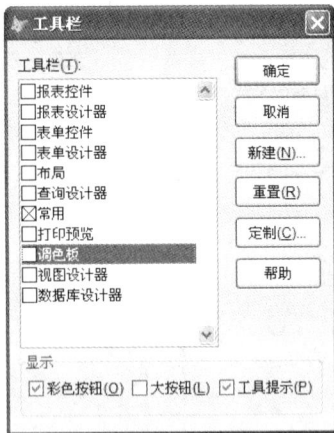

图 1.2 工具栏对话框

(2)在"工具栏"对话框中，选定要激活的"工具栏"，如"常用"，然后单击"确定"按钮，便可激活"常用工具栏"。

在 Visual FoxPro 9.0 中，菜单栏、工具栏、状态栏的使用方法和 Windows 系统中其他应用程序的使用方法基本类似。

6. 设置用户默认工作目录为"d:\vfp"

操作步骤如下：

在 VFP 的菜单中选"工具"→"选项"→"文件位置"选项卡→"默认目录"；单击"修改"按钮→在弹出的"更改文件位置"对话框中输入用户的默认工作目录 d:\vfp；单击"确定"按钮→单击"设置为默认值"按钮→单击"确认"按钮。如图 1.3 所示。

设置用户默认工作目录也可以通过命令窗口实现。在命令窗口中输入命令"Set Default to d:\vfp"，如图 1.4 所示，可以将默认工作目录设置成 d:\vfp。

7. 设置日期和时间格式

操作步骤如下：

(1)在 VFP 的菜单中选"工具"→选"选项"。

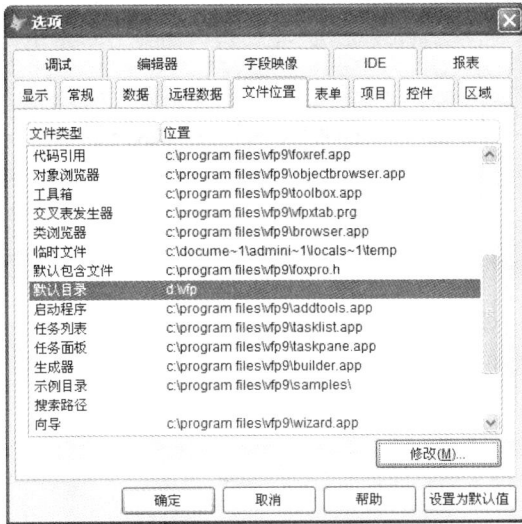

图 1.3　"选项"对话框

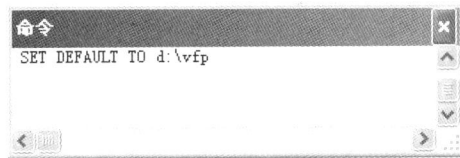

图 1.4　命令窗口

(2)选"区域"选项卡→在"时间和日期"区定义日期格式、日期分隔符、年份格式、时间格式。

(3)单击"设置为默认值"按钮→"确认"按钮。

如图 1.5 所示，在"选项"窗口，有 14 种不同类别的选项卡，每一个选项卡有其特定的环境，又有相应的设置信息的对话窗口，用户可以根据操作的需要，利用"选项"窗口中的各种选项卡，确定或修改设置每一个参数，从而确定 Visual FoxPro 的系统环境。

图 1.5　"选项"对话框

实验 2　变量、表达式和函数

一、实验目的

(1)初步掌握 Visual FoxPro 的基本数据类型。

(2)掌握 Visual FoxPro 的变量、运算符、表达式以及常用内部函数的使用。

(3)掌握交互式命令执行方法。

二、实验内容

1. ?/??命令的使用

在 VFP 命令窗口键入以下命令,观察 VFP 主窗口内的输出结果,并进行对比。

```
?54321
?1E10
?"XYZ"
?"xyz"
?"ABCD"
?? "abcd"
? 28, -400, "WuHan"
? "Visual FoxPro", "一种可视化的程序设计语言"
?? "Visual FoxPro", "一种可视化的程序设计语言"
```

2. 变量操作

1)变量值的变化

在命令窗口依次键入下列命令,分析输出结果,了解变量内容(值)的变化。

```
x=4
?x
x=8
?x
x=8*x
?x
```

2)赋值命令

(1)在 VFP 命令窗口分别键入下列命令,判断各变量的数据类型,并用"?"命令检查变量 a,b,c 的值。

```
STORE 10 TO a,b,c
?a,b,c
STORE "中华人民共和国" To a,b,c
?a,b,c
STORE .T. TO a,b,c
```

```
?a,b,c
STORE {^2015/08/04} TO a,b,c
?a,b,c
STORE $31.25 TO a,b,c
?a,b,c
```

(2)在 VFP 命令窗口分别键入下列命令，判断各变量的数据类型，然后分别使用"LIST MEMORY"和"DISPLAY MEMORY"显示各变量的信息。

```
STORE 1.50 TO a,b,c
d="Visual FoxPro,是一种可视化编程工具"
e=.F.
f={^2015/08/04 17:40:35 pm}
g={^2015/08/04}
list memory
display memory
```

3. 写成 VFP 表达式，并求值

1) $5^3/2 \mid 4+\pi \mid$

```
?5^3/2*abs(4+3.14)
```

2) '计算'包含于'计算机'

```
?'计算'$'计算机'
```

3) 计算 2015 年 3 月 23 日和 1986 年 5 月 8 日相差的天数

```
?{^2015/03/23}-{^1986 /05/08}
```

4) 把 4 大于等于 5 和 4 不等于 4 两个式子用 AND 连接求得结果

```
?4>=5 and 4!=4
```

4. 函数的使用

定义变量 A='_计算机 VFP_ _' 其中_表示空格

B='计算'

C=7896.64

1) 计算 B 在 A 当中的开始位置 at()

```
?at(B,A)
```

2) 求 A 的长度

```
?len(A)
```

3) 计算 A 去除前后空格后,B 在 A 中的开始位置

```
?at(B,alltrim(A))
```

4) 从 A 中第 2 个字符开始取 7 个字符赋给 D，并显示 D 的值

```
D=substr(A,2,7)
?D
```

5)求 B 是否包含 A

```
?B$A
```

6)求-12 的绝对值

```
?abs(-12)
```

7)取 C 的整数部分

```
?int(C)
```

8)取 C 和 7896.9 的最大值

```
?MAX(C,7896.9)
```

9)取 103 的平方根

```
?sqrt(103)
```

10)取 20 除以-7 的余数

```
?mod(20,-7)
```

11)对 C 四舍五入,小数点后保留-2 位

```
?round(C,-2)
```

12)求变量 A 的长度

```
? len(A)
```

13)取系统日期的年份

```
?year(date())
```

14)计算自己已经出生了多少天
将自己的生日以日期型的形式赋值给变量 d

```
?date()-d
```

15)将{^2015/09/23}转换成字符型

```
?dtoc({^2015/09/23})
```

16)将 C 转换成字符串,总长度为 6 个宽度,没有小数部分

```
?str(C,6,0)
```

17)将 98 转换成对应的 ASCII 字符

```
?chr(98)
```

18)求 IIF(.F.,200,300)的结果

```
? IIF(.F.,200,300)
```

19)求字符 Q 的 ASCII 值

```
?asc('Q')
```

20) 计算 len(str(C))、len(str(C,6,1))、len(str(C,4))

```
? len(str(C))
? len(str(C,6,1))
? len(str(C,4))
```

5. 使用 messagebox 产生对话框

其中标题为"你好，2012！"，信息内容为"奥运会来了，我们很高兴！"，图标为"信息"图标，按钮为"确定"和"取消"，第二个按钮为默认按钮。

在命令窗口输入：

```
=messagebox("奥运会来了，我们很高兴！",1+48+256,"你好，2012")
```

6. 利用宏替换方式输出姓名变量的值

操作过程如下：

1) 在命令窗口中依次输入如下命令

```
姓名="张海华"
store "姓名" to name
? &name
```

2) 输出结果

```
张海华
```

实验3 项目管理器、数据库和表的创建与操作

任务一：项目管理器和数据库的创建

一、实验目的

(1)掌握项目管理器的建立。

(2)掌握数据库的创建命令。

二、实验内容

1. 设置 D:\vfp 文件夹为工作目录

首先在 D 盘新建立一个名为 VFP 的文件夹。

方法1：菜单方法

(1)依次单击"工具"菜单中的"选项"菜单项。

(2)单击选中"文件位置"选项卡中的"默认目录"项。

(3)单击"修改"按钮，在弹出的"更改文件位置"对话框中，选中"使用默认目录"选项。

(4)在"定位默认目录"下面的文本框输入新的工作目录文件夹路径，单击"确定"按钮。例如输入：D:\VFP。

方法2：命令操作的格式为：set default to 目录名。

(1)在命令窗口中输入：set default to D:\vfp。

(2)按回车键执行上面的命令即可。

注意：要设置为工作目录的文件夹必须已经存在，否则不能设置成功。在 VFP 环境下，一旦设置了工作目录后，用户使用 VFP 工作过程中所产生的文件默认都会存到已经设置好的工作目录下，不会与 VFP 系统文件混在一起，方便管理与查找。

2. 在指定目录(D:\ vfp)下，创建一个名为"学生成绩管理"的项目文件

(1)单击"文件"菜单中的"新建"菜单项，在弹出的窗口中选择文件类型为"项目"，如图 3.1 所示。

(2)单击"新建文件"按钮。

(3)在弹出的创建窗口中输入项目文件名。例如输入：学生成绩管理(注意项目文件的扩展名为.PJX)，如图 3.2 所示。

(4)单击"保存"按钮，便建立了名为"学生成绩管理"的项目文件，同时打开了项目管理器窗口，如图 3.3 所示。

3. 建立名为"成绩管理"的数据库文件

(1)在项目管理器中，单击选中"数据"选项卡下面的"数据库"选项，如图 3.4 所示。

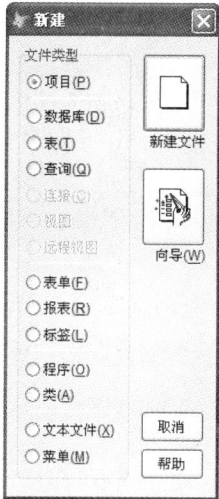

图 3.1 "新建"对话框

图 3.2 创建项目文件对话框

图 3.3 "项目管理器"对话框

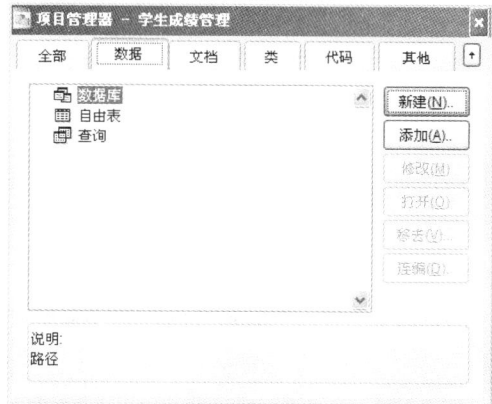

图 3.4 "学生成绩管理"项目

(2) 单击"新建"按钮，在弹出的对话框中单击"新建数据库"按钮。

(3) 输入文件名：如"成绩管理"（注意数据库文件的扩展名为.dbc）。

(4) 单击"保存"按钮，便建立了名为"成绩管理"的数据库，同时打开了数据库设计器窗口。

(5) 单击数据库设计器窗口右上角的"关闭"按钮来关闭数据库设计器。

4. 关闭项目文件

单击项目管理器右上角的"关闭"按钮。

5. 打开项目文件和数据库文件

(1) 单击"文件"菜单中的"打开"菜单项。

选择文件类型为"项目"，选中要打开的项目文件"学生成绩管理.PJX"，单击"确定"。

(2) 在项目管理器中，单击选中"数据"选项卡，展开"数据库"类别。

选中要打开的数据库文件"成绩管理"，单击"修改"，即打开了该数据库。

任务二：表的创建及表结构修改

一、实验目的

（1）掌握表的建立的方法。

（2）掌握表结构的修改。

二、实验内容

1. 创建表结构如下，表名为"student.dbf"的自由表

字段	字段名	类型	宽度	小数位
1	SNO	字符型	10	
2	SNAME	字符型	20	
3	SSEX	字符型	2	
4	SBIRTH	日期型	8	
5	MAJOR	字符型	20	
6	RESUME	备注型	4	
7	PHOTO	通用型	4	

（1）单击"文件"菜单中的"新建"菜单项，在弹出的窗口中选择文件类型为"表"。

（2）单击"新建文件"按钮。

（3）在弹出的创建对话框中输入表文件名。例如输入：student（注意表文件的扩展名为.dbf），如图3.5所示。

图3.5　创建表文件的对话框

（4）单击"保存"按钮。

（5）在弹出的"表设计器"的对话框中输入表结构，如图3.6所示。

（6）单击"确定"按钮。

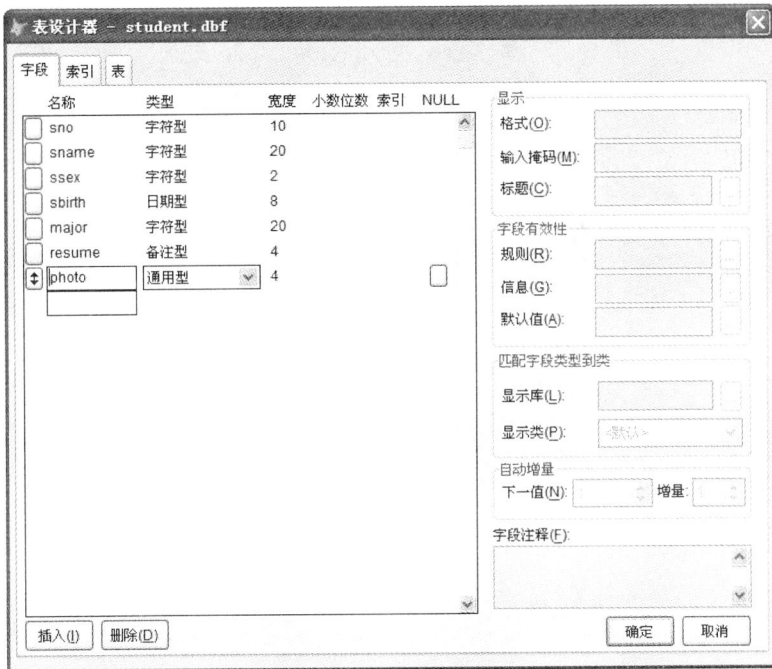

图 3.6　表设计器

2. 为"student.dbf"表添加如图 3.7 的记录

(1) 单击执行"显示"菜单下的"浏览 student(d:\vfp\student.dbf)"命令。
(2) 单击执行"显示"菜单下的"追加方式"命令。
(3) 输入如图 3.7 的记录。

Sno	Sname	Ssex	Sbirth	Major	Resume	Photo
201501001	刘钟涛	男	10/01/97	计算机科学技术	Memo	Gen
201501002	周静娴	女	02/03/96	计算机科学技术	Memo	Gen
201501003	卫安琪	女	04/01/96	计算机科学技术	memo	Gen
201502001	梁心媛	女	05/21/97	法学	memo	Gen
201502002	陈志霖	男	08/12/95	法学	memo	Gen
201502003	迟鑫月	女	06/06/97	法学	memo	gen
201503001	周耀武	男	02/04/96	酒店管理	memo	gen
201503002	何忧忧	女	03/02/95	酒店管理	memo	gen

图 3.7　表"student"的记录

3. 将自由表"student.dbf"添加到"成绩管理"数据库中

(1) 打开项目文件。
单击执行"文件"菜单下的"打开"命令，打开"学生成绩管理"项目文件。
(2) 打开数据库文件。
选择项目文件"学生成绩管理"中的"数据"选项卡，展开"数据库"选项，再展开"成绩管理"数据库选项，如图 3.8 所示。
(3) 单击"添加"按钮，选择表"student.dbf"，单击"确定"按钮。

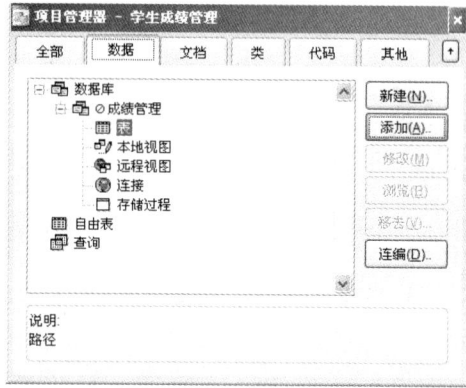

图 3.8 “学生成绩管理”项目对话框

4. 在数据库中直接创建“course.dbf”表文件

表结构如下。

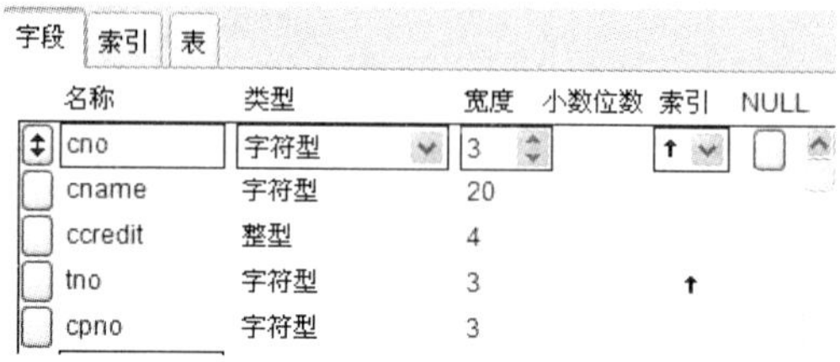

名称	类型	宽度	小数位数	索引	NULL
cno	字符型	3		↑	
cname	字符型	20			
ccredit	整型	4			
tno	字符型	3		↑	
cpno	字符型	3			

“course”表记录如图 3.9 所示。

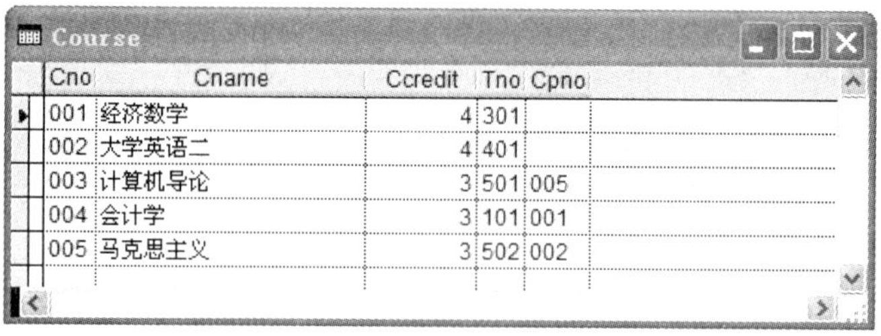

Cno	Cname	Ccredit	Tno	Cpno
001	经济数学	4	301	
002	大学英语二	4	401	
003	计算机导论	3	501	005
004	会计学	3	101	001
005	马克思主义	3	502	002

图 3.9 “course”表记录

在“成绩管理”数据库中选择表，单击“新建”按钮，创建表结构，录入记录。

5. 同样的方法创建“score.dbf”和“teacher.dbf”两个表

“score”表的结构如图 3.10 所示。

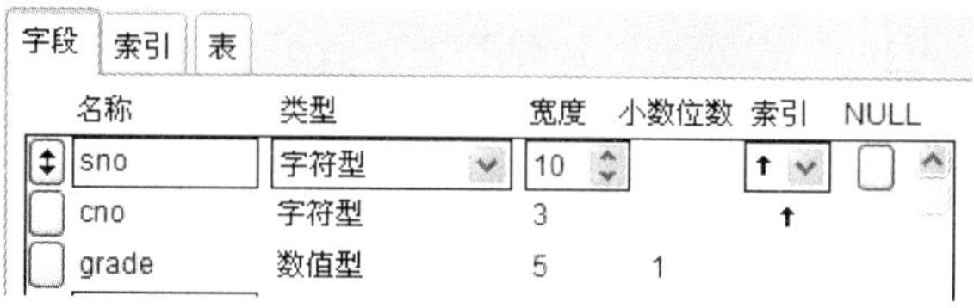

名称	类型	宽度	小数位数	索引	NULL
sno	字符型	10		↑	
cno	字符型	3		↑	
grade	数值型	5	1		

图 3.10 “score”表的结构

“score”表的记录如图 3.11 所示。

“teacher”表的结构如图 3.12 所示。

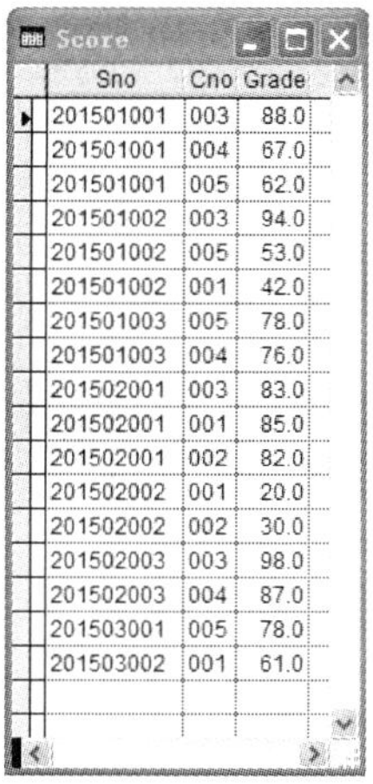

Sno	Cno	Grade
201501001	003	88.0
201501001	004	67.0
201501001	005	62.0
201501002	003	94.0
201501002	005	53.0
201501002	001	42.0
201501003	005	78.0
201501003	004	76.0
201502001	003	83.0
201502001	001	85.0
201502001	002	82.0
201502002	001	20.0
201502002	002	30.0
201502003	003	98.0
201502003	004	87.0
201503001	005	78.0
201503002	001	61.0

图 3.11 “score”表的记录

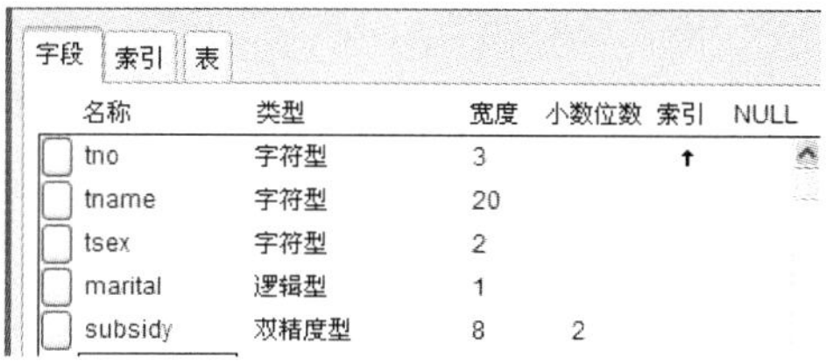

名称	类型	宽度	小数位数	索引	NULL
tno	字符型	3		↑	
tname	字符型	20			
tsex	字符型	2			
marital	逻辑型	1			
subsidy	双精度型	8	2		

图 3.12 “teacher”表的结构

“teacher”表的记录如图 3.13 所示。

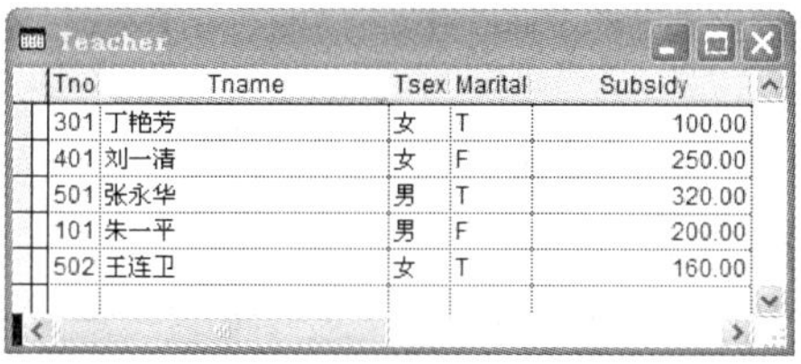

Tno	Tname	Tsex	Marital	Subsidy
301	丁艳芳	女	T	100.00
401	刘一清	女	F	250.00
501	张永华	男	T	320.00
101	朱一平	男	F	200.00
502	王连卫	女	T	160.00

图 3.13 “teacher”表的记录

6. 使用 list structure/display structure 命令显示表结构

在命令窗口中执行如下命令：

```
Close all              &&关闭所有文件
Use student.dbf        &&打开"student"表
List structure         &&显示"student"表结构
Use score              &&打开"score"表
Display structure      &&显示"score"表结构
```

7. 修改“teacher”表的表结构，给该表增加(TPOST C 10)字段

(1)选择系统菜单的“文件/打开”菜单命令，打开 teacher 表。

(2)选择系统菜单的“显示/表设计器”或使用 modify structure 命令，在主窗口内显示“teacher”表的表设计器.

(3)在表设计器将表的结构进行修改，增加一 TPOST 字段，并设置字段类型为字符型，宽度为 10。

8. 为“teacher”表的 TPOST 字段添加值，如图 3.14 所示

Tname	Tpost
丁艳芳	助教
刘一清	讲师
张永华	教授
朱一平	教授
王连卫	副教授

图 3.14 TPOST 字段值

9. 用 copy structure to 命令复制表的结构

在命令窗口中执行如下命令：

```
use score
copy structure to scorebf
use scorebf
list stru
```

任务三：数据表的基本操作

一、实验目的

(1) 掌握表的浏览和记录的显示命令。

(2) 熟练掌握记录的定位、追加、插入、修改、删除、替换等表的维护命令及操作。

二、实验内容

1. 打开"student"表，用菜单方式对数据表进行操作

首先设置工作目录为"d:\vfp"，步骤如下：

在 VFP 的菜单中选"工具"→"选项"→"文件位置"选项卡→"默认目录"；单击"修改"按钮→在弹出的"更改文件位置"对话框中输入用户的默认工作目录 d:\vfp；单击"确定"按钮→单击"设置为默认值"按钮→单击"确认"按钮。

(1) 打开数据表"student"。

在"文件"菜单下，单击"打开"按钮，在"打开"对话框中，"文件类型"选择"表"，选择"student"表，单击"确定"按钮。

(2) 用浏览和编辑两种格式查看记录内容。

在"显示"菜单下，单击"浏览"，以浏览的方式查看记录。在"显示"菜单下，再单击"编辑"，切换到编辑方式下查看记录。

(3) 将记录指针移动到文件尾部。

在"表"菜单下，选择"转到记录"，在弹出的级联菜单中选择"最后一条"。

(4) 逻辑删除所有女同学。

在"表"菜单下，单击"删除记录"，在"删除"对话框中，"范围"选择"all"，"for"条件中输入"ssex='女'"。

(5) 恢复 1997 年以前出生的女同学。

在"表"菜单下，单击"恢复记录"，在"删除"对话框中，"范围"选择"all"，"for"条件中输入"ssex='女'" and sbirth<{^1997/01/01}

2. 用命令方式对"student"表进行操作

首先设置工作目录为"d:\vfp"。

Set default to d:\vfp

(1) 打开"student"表。

```
Use student
```

(2)显示所有记录的学号、姓名、性别和出生日期字段。

```
List all fields sno,sname,ssex,sbirth
```

(3)显示"法学"和"酒店管理"专业的女同学的记录。

```
List all for ssex='女'and major='法学' or major='酒店管理'
```

(4)显示在 1997 年 9 月以后出生的同学。

```
List all for sbirth>={^1997/09/01}
```

(5)把记录指针定位在第一条记录上,测试当前记录号和 bof()的值;然后记录指针向上移动一条记录,测试当前记录号和 bof()的值。

```
Go top
?bof()
Skip -1
?bof()
```

(6)把记录指针定位在最后一条记录,测试当前记录号和 eof()的值;然后记录指针向下移动一条记录,测试当前记录号和 eof()的值。

```
Go bottom
?eof()
Skip
?eof(0
```

(7)显示年龄小于 20 岁的所有男同学。

```
List all for year(sbirth)-year(date())<20 and ssex='男'
```

(8)显示"法学"专业所有男同学的姓名、性别和专业字段。

```
List all fields sname,ssex,major for major='法学' and ssex='男'
```

(9)追加一条记录,记录为("201503004","曹小青","男",{^1995/01/22},"金融学")。

```
Append
```

在新追加的记录的相应字段上录入以下的值,"201503004","曹小青","男",{^1995/01/22},"金融学"。

(10)逻辑删除所有女同学的记录。

```
Delete all for 性别='女'
```

(11)恢复法学专业的女同学的记录。

```
Recall all for major='法学'
```

3. 打开"teacher"表,用命令方式对数据表进行操作

(1)打开数据表"teacher"。

```
Use teacher
```

(2)显示所有副教授的教师记录。

```
List all for Tpost='副教授'
```

(3)显示已婚的女老师的记录。

```
List all for Tsex='女'and Marital=.t.
```

(4)在第2条和第3条记录中间插入一条空记录。

```
Go 3
Insert before bland
```

(5)逻辑删除空记录，然后进行物理删除。

```
Delete record 3
pack
```

(6)为"teacher"表增加一个档案工资 SALARY 字段，输入各位老师的档案工资，丁艳芳 1750、刘一清 3500、张永华 4000、朱一平 2860、王连卫 2000。
修改表结构命令：

```
Modify structure
```

浏览并输入记录值的命令：

```
Browse
```

(7)将所有老师的档案工资增加50元。

```
Replace all 档案工资 with 档案工资+50
```

任务四：数据表的排序与索引

一、实验目的

(1)掌握表的排序命令。
(2)掌握表的索引操作命令。

二、实验内容

1. 对表 student.dbf 按照学号升序排序，排序后的结果放在表 xh.dbf 中

```
Close all
Set default to d:\vfp
Use student
Sort on sno to xh.dbf
```

2. 对表 student.dbf 先按照性别升序排序，如果性别相同再按出生日期降序排列，排序后的结果放在表 xbsb.dbf 中

```
Use student
Sort on ssex,sbirth/d to xbsb.dbf
```

3. 对表 teacher.dbf 建立单索引 teacherbh.idx, 要求按工号降序建立索引

```
Use teacher
Index on Tno desc to teacherbh.idx
Set index to teacherbh
list
```

4. 分别用命令方式给表 course.dbf 建立如下结构化的复合索引

(1) 按课程编号升序建立候选索引, 索引标识为 bh。

```
Use course
Index on Cno asce tag bh candidate
Set order to bh
list
```

(2) 要求先按照课程名升序排列, 如果课程名相同再按学分降序建立普通索引, 索引标识为 cncc。

```
Index on val(tno)-ccredit  tag cncc
Set order to cncc
list
```

5. 分别用菜单方式给表 course.dbf 建立如下结构化的复合索引

(1) 按课程编号升序建立候选索引, 索引标识为 bh。
打开"学生成绩管理"项目管理器, 选中"成绩管理"数据库中的"course"表, 单击"修改"按钮, 打开表设计器的对话框。
(2) 在表设计器的"索引"选项卡中进行如图 3.15 所示的设置。

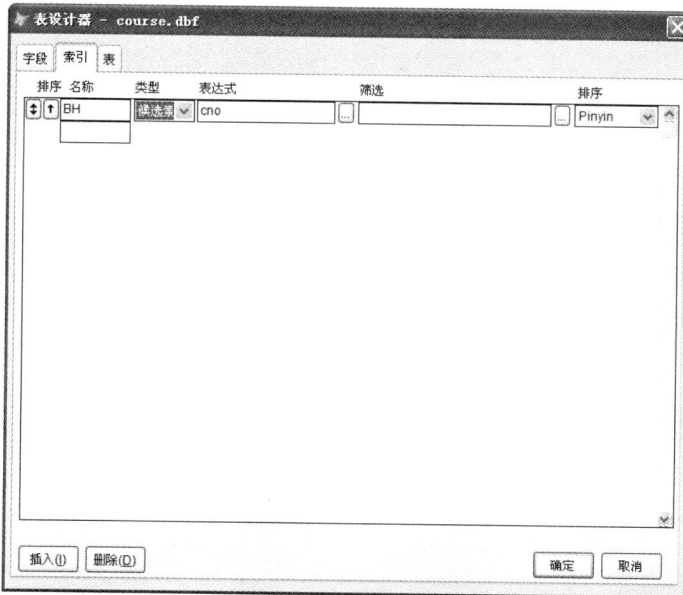

图 3.15　"course"表设计器

(3) 要求先按照课程名升序排列, 如果课程名相同再按学分降序建立普通索引, 索引标识为 cncc。

进行如图 3.16 所示的设置。

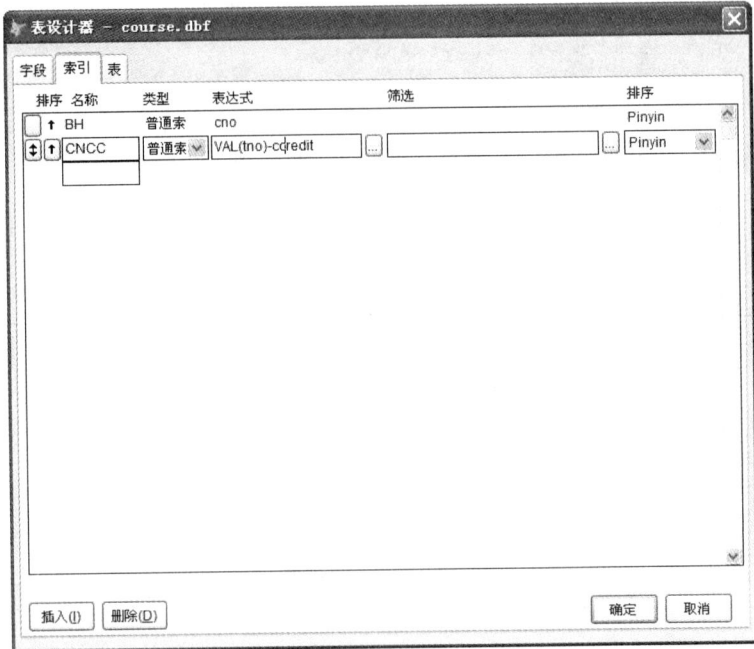

图 3.16 "course"表的"索引"选项卡

6. 为表 student.dbf 建立非结构化的复合索引

要求先按照姓名升序排列，如果姓名相同再按出生日期升序排列，索引标识为 xmnl，索引文件名为 mc.cdx。

```
Use student
Index on sname+dtoc(sbirth) tag xmnl of mc.cdx
Set index to mc
Set order to xmnl
List
```

7. 在 teacher 表中，快速查找工号是"501"的所有记录

```
Use teacher
Set index to teacherbh
Seek "501"
?found()
display
```

8. 在学生表中顺序查找姓周的所有学生

```
use student
locate for 姓名="周"          &&查找姓周的学生，=为非精确比较，可以实现模糊查询
? found()                     &&.t.
display                       &&显示当前记录
continue                      &&继续查找下一个满足条件(姓王的职工)的记录
? found()                     &&.t. 假设表中有 2 条姓周的记录
display
```

注意：locate 与 continue 合用，可以实现查询每一个满足条件的记录。

9. 过滤记录

```
USE teacher
set filter to Tpost='教授' .or.Tpost='副教授'    &&指定过滤条件为职称是副教授
或教授的老师，满足条件的记录可操作
List                      &&只会显示职称为教授或副教授的记录
set filter to             &&取消过滤器，此时，所有记录都可操作
set filter to Tsex="女" and Tpost="讲师"    &&指定过滤条件为女讲师
list
```

任务五：数据库表的操作

一、实验目的

(1)熟练掌握在数据库中添加和移去表的操作。
(2)掌握完善表的有效性规则。
(3)掌握相关表之间数据参照完整性的设置方法。

二、实验内容

1. 为数据库中中的表建立索引

"student"表与"score"表是一对多的关系，一名学生可以选修多门课程。"student"表中的"sno"为主索引，"score"中的"sno"为普通索引。

"course"表与"score"表是一对多的关系，一门课程可以被多名学生选修。"course"表中的"cno"为主索引，"score"表为普通索引。

假设每名教师可以主讲多门课程，"teacher"表与"course"表的关系式一对多的关系，"teacher"表中的"tno"是主索引，"course"表中的教师号为普通索引。

(1)打开"学生成绩管理"项目，打开"成绩管理"数据库。
(2)在数据库中设置 student 表的 sno 为主索引。
(3)设置数据库中 course 表的 cno 为主索引，tno 为普通索引。
(4)设置数据库中的 teacher 表 tno 为主索引。
(5)设置数据库中的 score 表的 sno,cno 为普通索引。

2. 建立表之间的永久关系

在"数据库设计器"窗口中，单击选定的父表"student"中的主索引字段"sno"，然后按下鼠标左键，将其拖动到子表"score"表的"sno"字段上，松开鼠标左键，这时两个表之间就出现一条"连线"，即建立了两个表之间的一对多的关系。

其他表之间的关系设置雷同，对"成绩管理"数据库建立的永久联系如图 3.17 所示。

3. 设置数据库显示属性、字段级、记录级规则

(1)设置"name"字段的显示属性，姓名字段最多输入 5 个汉字，用 10 个字母 A 作为输入掩码，如图 3.18 所示。在表设计器的"字段"选项卡中设置。

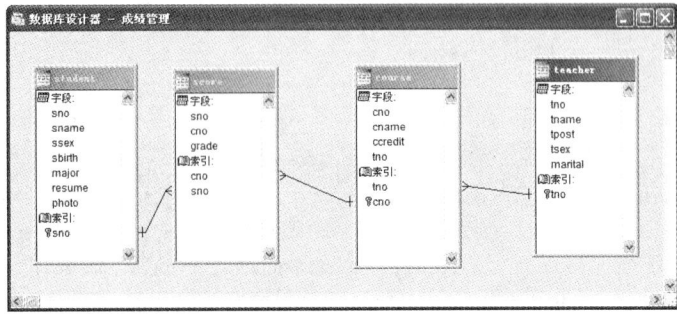

图 3.17　"成绩管理"数据库

图 3.18　"student"表设计器

(2) 设置性别的有效性规则为：ssex='男'or ssex='女'；否则提示信息"输入错误！"；默认值为"女"，如图 3.19 所示。在表设计器的"字段"选项卡中设置。

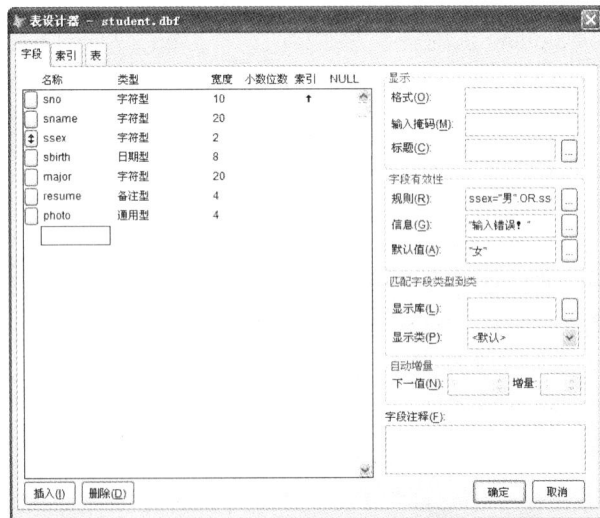

图 3.19　"student"表设计器的字段有效性设置

(3)设置记录有效性。例如，学生表中学生的出生年份应该小于学号的前四位(即入学年份)，如果不符合这个规则，表明表中记录的数据出错，提示错误信息"学生的出生年份应该小于入学年份"，如图 3.20 所示。

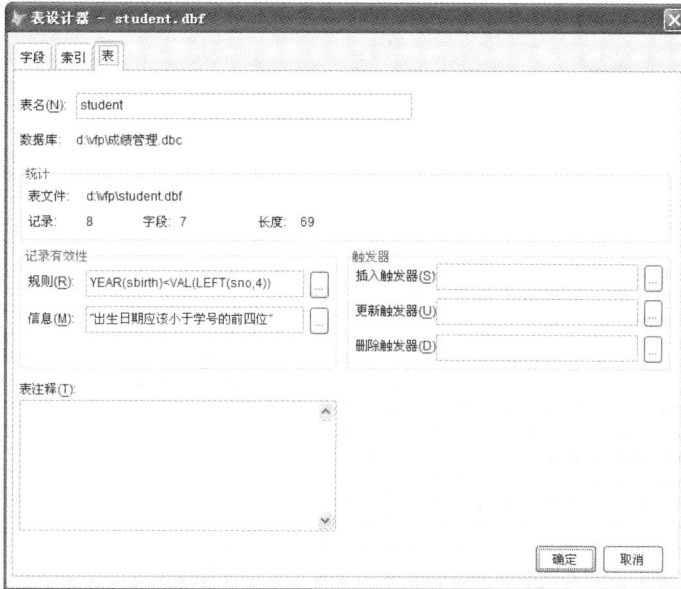

图 3.20　设置"student"表的记录有效性规则

4. 数据库表之间参照完整性的设置

(1)打开"参照完整性生成器"对话框。

在数据库设计器窗口中，双击"student"表和"score"表之间的连线，打开"编辑关系"对话框，单击"参照完整性"按钮，打开"参照完整性生成器"对话框。

(2)系统可能要求先"清理数据库"，然后才能设置"参照完整性"。清理数据库操作步骤是，选择"数据库"菜单中的"清理数据库"命令。

(3)设置更新、删除和插入规则。

在"参照完整性生成器"对话框中，选择"更新规则"选项卡后，设置关系间的更新规则。

在"参照完整性生成器"对话框中，选择"删除规则"选项卡后，设置关系间的删除规则。

在"参照完整性生成器"对话框中，选择"插入规则"选项卡后，设置关系间的插入规则。

(4)设置结束后，单击"确定"按钮，保存设置并生成参照完整性代码，退出"参照完整性生成器"。

任务六：数据表的统计、汇总及多表操作

一、实验目的

(1)掌握数据表的统计与汇总方法。

(2)理解、掌握多工作区的概念。

(3)掌握多工作区之间的表内容的更新。

(4)掌握多工作区表之间的物理连接以及逻辑连接方法。

二、实验内容

1. 打开"成绩管理"数据库,对库中的数据表完成以下统计汇总操作

(1)修改teacher表的表结构,增加所在院系字段:tdept c(20);基本工资字段:salary n(8,2);补贴字段:subsidy n(8,2),并插入相关记录,如图3.21所示。

Tno	Tname	Tpost	Tsex	Marital	Salary	Subsidy	Tdept
301	丁艳芳	助教	女	T	1750.00	100.00	法学
401	刘一清	讲师	女	F	3500.00	250.00	法学
501	张永华	教授	男	T	4000.00	320.00	法学
101	朱一平	教授	男	F	2860.00	200.00	计算机
502	王连卫	副教授	女	T	2000.00	160.00	计算机

图 3.21 teacher 表记录

(2)统计 student 表中法学专业和酒店管理专业的学生人数,酒店管理专业人数存入变量 estu 中,法学专业人数存入变量 astu 中,并统计学生总人数,并把总人数存入变量 allstu 中。

```
use student
count for major='酒店管理' to estu
count for major='法学' to astu
count to allstu
```

(3)统计所有男教师的 salary 总和以及 subsidy 总和,统计结果分别存入变量 basicsal 和 addsal 中。

```
use teacher
sum salary,subsidy for tsex='男' to basicsal,addsal
```

(4)统计所有教师的 salary 与 subsidy 两项的总和,统计结果存入变量 allsal 中。

```
use teacher
sum salary+subsidy to allsal
```

(5)求所有职称为副教授的教师中 salary 与 subsidy 两项的平均值。

```
use teacher
average salary+subsidy for tpost='副教授'
```

(6)对 teacher 表基本工资、补贴按院系进行分类汇总。

```
use teacher
index on tdept tag yx
total on tdept to yxhz
use yxhz
list fields tdept, salary,subsidy
```

(7)对 teacher 表基本工资按职称进行分类汇总。

```
use teacher
index on tpost tag zhc
```

```
total to zchz on tpost
use zchz
list fields tpost,salary
```

2. 在"成绩管理"数据库中完成以下操作

(1)在"成绩管理"数据库中建立"tsalary"表,结构如表 3.1 所示。

表 3.1 salary 表的结构

名称	类型	宽度	小数位数	意义
tno	字符型	3		教师编号
tname	字符型	20		教师姓名
salary	数值型	8	2	基本工资
subsidy	数值型	8	2	补贴
traffic	数值型	8	2	交通费
rent	数值型	8	2	房费
real	数值型	8	2	实发工资

(2)在 tsalary 表中录入记录,如表 3.2 所示。

表 3.2 tsalary 表

tno	tname	salary	subsidy	traffic	rent	real
101	丁艳芳	1750.00	100.00	100.00	50.00	
301	刘一清	3500.00	150.00	250.00	60.00	
401	张永华	4000.00	200.00	320.00	0.00	
501	朱一平	2860.00	400.00	200.00	100.00	
502	王连卫	2000.00	350.00	160.00	50.00	

(3)在 1 号工作区中打开 teacher 表,在 2 号工作区中打开 tsalary 表。选择 2 号工作区为当前工作区,用 replace 命令更新 tsalary 表中所有教师的 real 字段值:salary+subsidy-traffic-rent;选择 1 号工作区为当前工作区,用 replace 命令将 teacher 表中"丁艳芳"老师的 salary 字段值替换成 3650。

```
select 1
use teacher
select 2
use tsalary
replace all real with salary+subsidy-traffic-rent
select 1
replace salary with 3650 for tname='丁艳芳'
```

3. 多工作区之间表内容的更新

使用 update 命令,用 teacher 表的 salary 字段值更新 tsalary 表的 salary 字段值。

(1)选择 1 号工作区,打开 tsalary 表,对 tno 字段建立索引,作为目的数据表。为更清楚了解 update 命令,将表中 salary 字段用 replace 命令清零。

```
use tsalary
index on tno tag jsno
replace all salary with 0
```

(2)选择 2 号工作区，打开 teacher 表，对 tno 字段建立索引，作为源数据表。

```
select 2
use teacher
index on tno tag jsbh
```

(3)用源数据表 teacher 表中的 salary 字段值加上 100 后，更新目的数据表 tsalary 表中的 salary 字段值。

```
select 1
update on tno from teacher replace salary with salary+100
```

(4)重新计算 tsalary 表中 real 字段值：salary+subsidy-traffic-rent。

```
select 1
replace all real with salary+subsidy-traffic-rent
```

4. 多工作区表之间的物理连接

将 student 表和 score 表连接生成一个新表 stu_score。

(1)选择 1 工作区，打开 student 表，作为源数据表 1。

```
select 1
use student
```

(2)选择 2 号工作区，打开 score 表，作为源数据表 2。

```
select 2
use score
```

(3)将 student 表和 score 表连接生成一个新表 stu_score，新表中字段包括：sno, sname, cno, grade。

```
join with score to stu_score  for  sno=b.sno  fields  sno,sname,b.cno,
b.grade
```

(4)打开新表 stu_score，查看记录。

```
use stu_score
list
```

5. 多工作区表之间的逻辑连接

建立 score 表与 student 表之间的逻辑连接。

(1)选择 1 号工作区，打开 score 表，并按 sno 字段建立索引。

```
select 1
use score
index on sno tag a
```

(2)选择 2 号工作区，打开 student 表，并按 sno 字段建立索引。

```
select 2
use student
index on sno tag b
```

(3)打开 1 号工作区，建立当前工作区表 score 到 student 表的逻辑连接。

```
select 1
set relation to sno into student
```

(4)使用逻辑连接查看两表中对应记录。

```
go 1
?sno,student.sname,cno,grade
skip 1
?sno,student.sname,cno,grade
skip 1
?sno,student.sname,cno,grade
skip 1
?sno,student.sname,cno,grade
```

(5)取消两表的逻辑连接。

```
set relation to
```

(6)思考：建立 student 到 score 之间的逻辑连接。

```
select 1
use student
index on sno tag sno
select 2
use score
index on sno tag sno
select 1
set relation to sno into score
go 1
select 2
list for sno=a.sno
```

实验 4 结构化查询 SQL 的基本操作

一、实验目的

(1)熟练掌握 SQL 语言的数据定义功能。
(2)掌握 SQL 语言的数据查询功能。
(3)掌握 SQL 语言的数据更新功能。

二、实验内容

1. SQL 语言的表定义功能

(1)用 sql create 命令建立"住宿情况"表,其中的学号为主键,表结构如下:

```
学号        字符型(9)
姓名        字符型(18)
宿舍号      字符型(6)
电话        字符型(12)
住宿费      数值型(6,2)
create table 住宿情况(学号 c(9)primary key,姓名 c(18),宿舍号 c(6),电话 c(12),
住宿费 n(6,2))
```

(2)修改"住宿情况"表的表结构,将"学号"字段的数据长度改为 12,将"宿舍号"的数据类型改为整型。

```
alter table 住宿情况 alter 学号 c(12) alter 宿舍号 int
```

(3)修改"住宿情况"表的表结构,为表增加两个字段:性别 c(2),政治面貌 c(10)。

```
alter table 住宿情况 add 性别 c(2)add 政治面貌 c(10)
```

(4)修改"住宿情况"表的表结构,将"宿舍号"重命名为"住宿房间号"。

```
alter table 住宿情况 rename 宿舍号 to 住宿房间号
```

(5)修改"住宿情况"表的表结构,删除表中的"政治面貌"字段。

```
alter table 住宿情况 drop 政治面貌
```

(6)删除"住宿情况"表。

```
drop table 住宿情况
```

2. SQL 语言的视图定义功能

(1)打开"成绩管理"数据库,用 create view 命令依据 student 表创建本地视图 view1,通过视图可以查看所有男同学的 sno,sname,ssex,major。

```
create view view1 as select sno,sname,ssex,major from student where ssex="男"
```

(2)在“成绩管理”数据库中，依据 student 表和 score 表创建本地视图 view2，通过视图可以查看所有选了课的学生的 sno,sname,cno,grade。

```
create view stu_sco as select student.sno,sname,cno,grade from student,
score where student.sno=score.sno
```

(3)在“成绩管理”数据库中，依据 teacher 表创建本地视图 view3，通过视图可以查看所有职称为教授的教师信息。

```
create view view3 as select * from teacher where tpost="教授"
```

(4)删除上题创建的视图 view3。

```
drop view view3
```

3. SQL 语言的数据查询功能：单表查询

(1)查询所有学生的学号和姓名。

```
select sno,sname from student
```

(2)查询所有教师信息。

```
select * from teacher
```

(3)查询所有选课学生的学号。

```
select distinct sno from score
```

(4)查询 1996 年出生的学生的所有信息。

```
select * from student where year(sbirth)=1997
```

(5)查询成绩在 80 到 85 之间的所有选课信息，并按成绩降序排序。

```
select * from score where grade between 80 and 85 order by grade
```

(6)查询由编号为“法学”或“酒店管理”的学生的 sno,sname 和 ssex。

```
select sno,sname,ssex from student where major in("法学"," 酒店管理")
```

(7)查询所有姓“陈”的学生的学号和姓名。

```
select sno,sname from student where sname like '陈%'
```

(8)查询所有计算机科学技术专业的男生信息。

```
select * from student where major='计算机科学技术' and ssex='男'
```

(9)统计男女生各有多少人。

```
select ssex,count(*) from student group by ssex
```

(10)统计不同职称的教师的职称及人数，并按人数升序排序。

```
select tpost,count(*) from teacher group by tpost order by 2
```

(11)查询有三人以上选修的课程的课程号及选修人数，并按人数降序排序。

```
select cno,count(*) from score group by cno having count(*)>=3 order by 2
desc
```

(12)统计每个选课学生的学号,所选课程门数,最高分,最低分,平均分以及总分。

```
select sno,count(*) as 选课门数,max(grade) as 最高分,min(grade) as 最低
分,avg(grade) as 平均分,sum(grade) as 总分 from score group by sno
```

4. SQL 语言的数据查询功能: 多表查询

(1)查询所有选课学生的学号、姓名、课程号和成绩。

```
select student.sno,sname,cno,grade ;
from student,score ;
where student.sno=score.sno
```

(2)查询所有选课学生的姓名,课程名,和成绩。

```
select sname,cname, grade ;
from student,score,course ;
where student.sno=score.sno and ;
score.cno=course.cno
```

(3)查询选修了丁艳芳老师课程的学生学号、姓名、课程名及成绩,查询结果按教师姓名
升序排序。

```
select student.sno,sname,cname, grade ;
from student,score,course,teacher ;
where student.sno=score.sno and ;
      score.cno=course.cno and ;
      teacher.tno=course.tno and ;
      tname='丁艳芳';
order by 4
```

(4)统计选课学生中计算机科学技术专业学生学号,所选课程门数。

```
select student.sno,count(*) ;
from student,score ;
where major='计算机科学技术' and ;
student.sno=score.sno ;
group by student.sno
```

5. SQL 语言的数据查询功能: 嵌套查询

(1)查询同时选修了 001 号和 002 号课程的学生学号和姓名。

```
select studeng.sno,sname ;
from student,score ;
where student.sno=score.sno and cno='001' and student.sno in(select sno
from score where cno='002')
```

(2)查询没有选修任何课程的学生信息。

```
select * from student where sno not in (select distinct sno from score)
```

(3)查询选课成绩与 201501001 号学生所选课程最高分成绩相同的选课记录。

```
select * from score ;
where grade=(select max(grade) from score where sno='201501001')
```

(4)查询所有没有选修 003 号课程的选课信息。

```
select * from score ;
where sno not in(select sno from score where cno='003')
```

6. SQL 语言的数据查询功能：集合查询

(1)查询计算机科学技术或法学专业的学生信息。

```
select * from student where major='计算机科学技术';
union;
select * from student where major='法学'
```

(2)查询选修了 001 或 002 号课程的选课信息。

```
select * from score where cno='001'  union;
select * from score where cno='002'
```

7. SQL 语言特殊选项查询

(1)查询所有女同学信息，并将查询结果送至数组 array1 中，再查看 array1 数组中数据。

```
slect * from student where ssex='女' into array array1
display memory like array*
```

(2)查询所有选修了 001 号课程的选课信息，查询结果送至临时表 table1 中，并查看该临时表中的记录。

```
Select * from score where cno='001' into cursor table1
browse
```

(3)查询所有成绩大于等于 90 分的选课信息，将查询结果送至永久表 table2 中，并查看该表中的记录。

```
Select * from score where grade>=90 into table table2
browse
```

(4)查询所有选修了 002 号课程的学生姓名到文本文件 file1.txt 中

```
Select sname from student,score where student.sno=score.sno and cno='002'
to file file1.txt
```

8. SQL 语言的数据更新功能

(1)在 student 表中插入一条学生记录：sno:201504001; sname: 张三。

```
insert into student(sno,sname)values('201504001','张三')
```

(2)在 student 表中插入一条学生记录：sno:201504002；ssex: 女； sname: 李四。

```
insert into student (sno, ssex ,sname) values('201504002', '女','李四')
```

(3)将姓名为周静娴的学生的性别改成"男"。

```
update student set ssex='男' where sname='周静娴'
```

(4)将所有选修了"001"号课程的学生成绩提高 10%。

```
update score set grade=grade*1.1 where cno='001'
```

(5)删除姓名为"张三"的学生记录。

```
delete from student where sname='张三 '
```

(6)删除学号为"201503001"的学生的选课记录。

```
delete from score where sno='201503001'
```

实验 5　查询与视图操作

一、实验目的

(1) 掌握查询向导的使用。

(2) 掌握查询设计器的使用。

(3) 握视图向导的使用。

(4) 掌握视图设计器的使用。

二、实验内容

1. 用查询设计器建立 "学生查询.QPR"

查询平均成绩大于等于 80 的女生姓名、平均成绩和课程门数，并按平均成绩降序排列存放在 stu_xinxi.dbf 表中。

操作步骤：

(1) 新建查询：选择系统菜单上的 "文件" → "新建" 选项，弹出 "新建" 对话框。选中 "查询"，单击 "新建文件" 按钮，打开 "添加表或视图" 对话框，如图 5.1 所示。

(2) 添加数据源：在 "添加表或视图" 对话框如图 5.1 所示对话框中，单击 "其他" 按钮，在如图 5.2 的 "打开" 对话框中显示了所需表的表名，选择 "student" 表，单击 "确定" 按钮。同时打开了表所在的 "成绩管理" 数据库。继续添加 "score" 表到查询设计器中。

图 5.1　"添加表或视图" 对话框　　　　图 5.2　"打开" 对话框

(3) 建立匹配关系：如果建立的查询选择的表不止一个，在添加表的过程中，系统会自动提示建立各添加表之间的联系。选择了 student 表和 score 表后，系统自动为两张表建立内部连接。

注意：如果两张表之前没有建立连接，可以在查询设计器中设置表之间的连接。如设置 score 表和 student 表之间的内部连接。拖动 score 表中的"学号"字段到 student 表中的"学号"字段上，松开鼠标，则在两表之间产生一条连线。表之间的连接包括四种类型，它们的区别详见表 5.1。一般选择内部连接方式，其查询结果等同于等值连接查询。

表 5.1

连接名称	连接过程	连接后的结果
内部连接	左表与右表相匹配的记录	只有与连接条件相匹配的记录
左连接	左表中的每一条记录与右表中的所有记录逐条比较	左表中所有的记录，右表中满足连接条件的记录。
右连接	右表中的每一条记录与左表中的所有记录逐条比较	左表中满足连接条件的记录，右表中的所有记录。
完全连接	先左连接，再右连接，去掉重复记录	两表所有的记录，不满足则互以.NULL. 值对应。

(4)选择显示字段：在字段选项卡选中"可用字段"窗口中的"student.sname"字段，单击"添加"按钮，将其添加到"选定字段"窗口。在"函数和表达式"对话框中增加"平均成绩"的表达式：AVG(score.grade) AS 平均成绩，添加到"选定字段"窗口中；同理，添加"选课门数"的表达式"COUNT(score.cno) AS 选课门数"到"选定字段"窗口中，字段选项卡内容如图 5.3 所示。

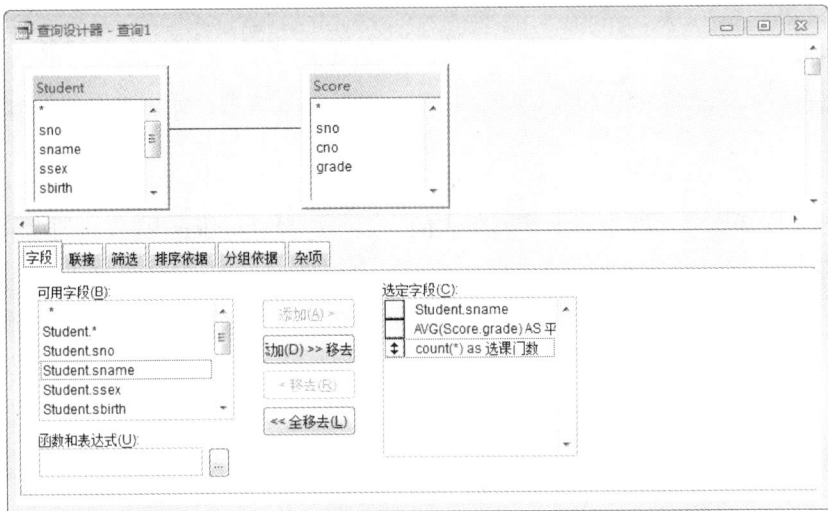

图 5.3 "查询设计器"字段选项卡内容

(5)设置筛选条件：选择"筛选"选项卡，如图 5.4 所示。在"字段名"下拉列表框选择 Student.ssex，在"条件"下拉列表框选择"="，在"实例"框中输入"女"。

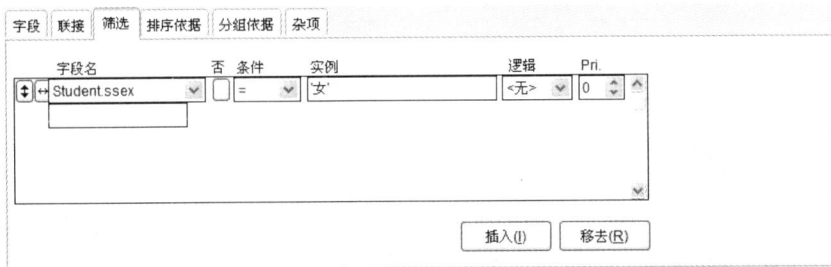

图 5.4 "筛选"选项卡

(6)设置排序依据：选择"排序依据"选项卡，在"选定字段"列表框双击"AVG(score.grade)"表达式，将它移至"排序条件"列表框，并在"排序选项"栏选择"降序"。

(7)设置分组依据：选择"分组依据"选项卡，在"可用字段"列表框双击"student.sname字段，将它移至"分组字段"列表框；再单击"满足条件"按钮，在"满足条件"对话框中设置分组限制条件：平均成绩>=80，设置结果如图 5.5 所示。

(8)设置查询去向：选择系统菜单上的"查询"→"查询去向"选项，或单击"查询去向"按钮，或者在查询设计器空白处点右键，在弹出的快捷菜单中选择"输出设置"，在弹出的"查询去向"对话框中单击"表"按钮并输入表名"stu_xinxi"。

(9)运行查询：单击 VFP 主窗口工具栏中的"运行"按钮，执行查询，再单击"显示"→"浏览(B)"stu_xinxi""，则得到如图 5.6 所示的查询结果。

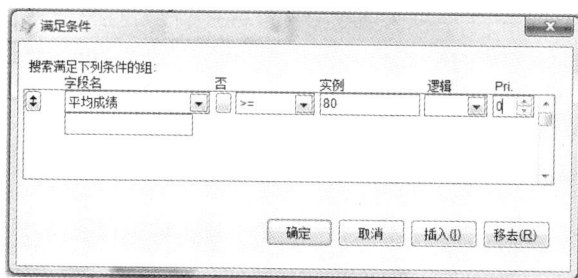

图 5.5　分组限制条件

图 5.6　"查询结果"窗口

(10)保存查询：单击系统菜单"文件"→"保存"，保存查询为"学生查询.QPR"。

2. 用视图设计器在"成绩管理"数据库中建立"view1"视图

要求可以查看成绩最高的 3 个不姓"李"的学生的学号、姓名、专业、课程名、成绩等信息，只允许修改专业名称、课程名，并分别写入到"student"表和"course"表中，其他数据不允许修改。

实验步骤：

(1)使用菜单"文件"→"打开"，选择"文件类型"为"数据库"，打开"成绩管理"数据库。

(2)使用菜单"文件"→"新建"，新建文件类型为"视图"，打开"视图设计器"。

(3)依次添加"student"、"score"、"course"三个表为视图提供数据源。

(4)在"字段"选项卡下，选择 sno、sname、major、cname、grade"可用字段"到"选定字段"框中。

(5)设置筛选条件：选择"筛选"选项卡，如图 5.7 所示。在"字段名"下拉列表框选择Student.sname，在"否"列打勾，在"条件"下拉列表框选择"Like"，在"实例"框中输入"李%"。

(6)设置排序依据：选择"排序依据"选项卡，如图 5.8 所示，在"选定字段"列表框双击"score.grade"表达式，将它移至"排序条件"列表框，并在"排序选项"栏选择"降序"。

(7)选择"杂项"选项卡，如图 5.9 所示，把"全部"前面的钩取消，在"记录个数"栏中输入 3。

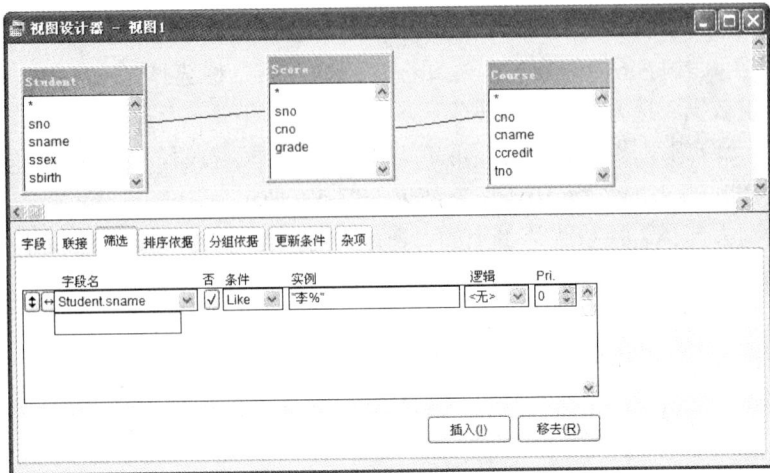

图 5.7 "视图设计器"窗口

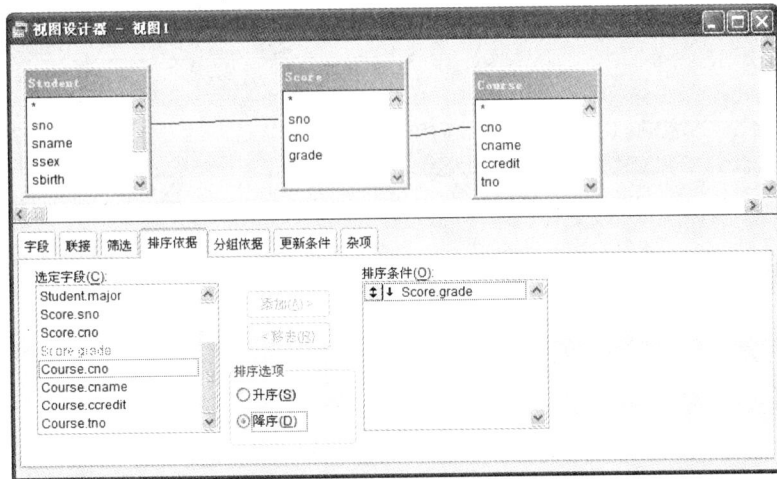

图 5.8 "排序依据"选项卡的设置

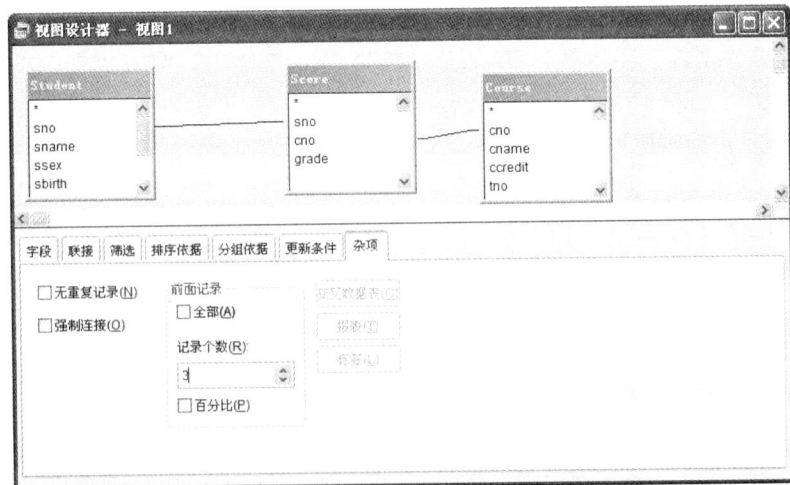

图 5.9 "杂项"选项卡的设置

(8)选择"更新条件"选项卡,如图 5.10 所示,此时的更新条件不起任何作用,即对视图的修改不会影响数据源表中的数据。

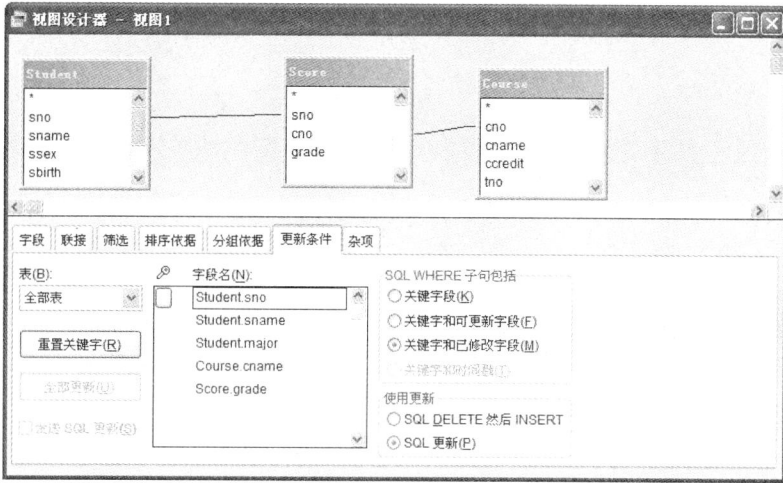

图 5.10　"更新条件"选项卡初始界面

(9)在"字段名"框中分别选择"major"和"cname",并在其对应的钥匙和铅笔标记下都作上"√"标记。

(10)选中"发送 SQL 更新"复选框,如图 5.11 所示。

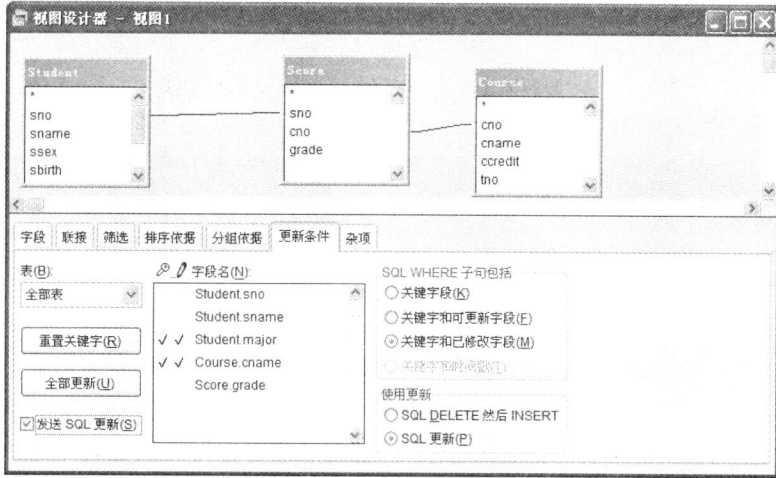

图 5.11　"更新条件"选项卡完成设置界面

(11)用菜单"文件"→"保存"命令,保存视图名为"view1"。

(12)在数据库设计器中双击"view1"视图,打开其浏览窗口,再分别打开"student"表和"course"表的浏览窗口。修改"view1"视图中一条记录的"major","cname",观察"student"表和"course"表的数据是否被修改。

实验 6　结构化程序设计

一、实验目的

(1)掌握建立、编辑和调用程序文件的方法。

(2)掌握常用输入/输出命令的使用方法。

(3)掌握单分支、双分支和多路分支程序设计的方法。

(4)熟悉掌握三种循环结构的使用。

(5)掌握过程的定义与调用。

(6)掌握参数的传递(形参与实参的对应关系)。

二、实验内容

1. 建立、编辑一个以 stu_list 为名的程序文件，程序的功能是先显示所有学生的全部信息，再显示电子商务专业的学生信息

程序代码如下：

```
use student
list
list for major="电子商务"
```

(1)命令行方式。

在命令窗口中，输入命令：modify command stu_list.prg，进入程序文件编辑窗口，如图 6.1 所示。

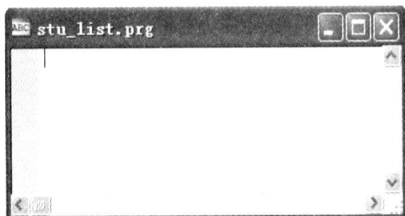

图 6.1　程序文件编辑器窗口

① modify command stu_list.prg。

② 在"程序文件"编辑窗口中逐条输入程序命令行，然后单击关闭按钮，保存程序文件，结束程序文件建立和编辑的操作，如图 6.2 所示。

(2)菜单方式。

① 选择"文件"→"新建"命令，进入"新建"窗口。

② 在"新建"窗口中选择"程序"单选按钮，再单击"新建文件"按钮，进入"程序文件"编辑窗口，如图 6.3 所示。

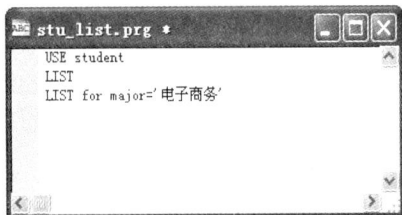

图 6.2　程序文件编辑与保存

图 6.3 程序文件编辑窗口

③ 在"程序文件"编辑窗口，逐条输入程序命令行，然后单击关闭按钮，以 stu_list.prg 保存程序文件，结束程序文件建立和编辑的操作，如图 6.4 所示。

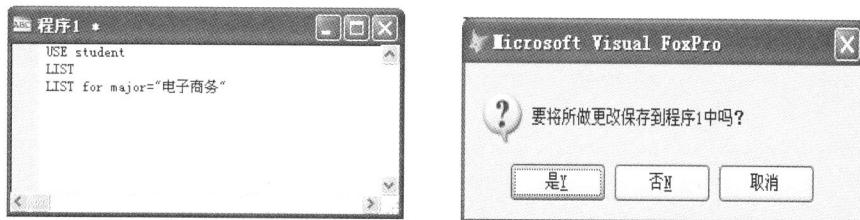

图 6.4 程序文件编辑与保存

（3）执行程序文件 stu_list.prg。

在命令窗口中，输入命令：do stu_list，查看程序运行结果。

（4）修改程序文件 stu_list.prg，改为显示"会计学"专业的学生记录。

在命令窗口中，输入命令：modify command stu_list.prg。

在打开的程序文件窗口中做相应修改并保存。

2. 常用输入/输出命令

（1）设计程序 tea_post.prg，查找 teacher 表中指定职称的教师记录，显示完成后在屏幕的右上角给出提示信息，提示信息在屏幕上停留 5 秒。

程序代码如下：

```
clear
use teacher
accept "请输入教师职称: " to zc
list for tpost=zc
wait "职称为"+zc+"的记录已显示" windows timeout 5
```

（2）设计一个程序 stu_birth.prg,能够查找 student 表中指定出生日期的学生记录。

程序代码如下：

```
clear
use student
input "请输入学生出生日期" to birth
list for sbirth=birth
```

3. 顺序结构程序设计

编写程序 stu_date.prg，从键盘输入一个日期，利用成绩管理数据库查询 student 表中该日期以后出生的学生信息，并显示在浏览窗口中。

```
clear
open database 成绩管理
use student
input "请输入一个日期" to date
select * from student where sbirth>date
close databases
return
```

4. 分支结构程序设计

(1)编写程序 mypr.prg，输入两个数，按从大到小输出。

```
clear
input  "第一个数: "  to  x
input  "第二个数: "  to  y
if  x<y
  k=x
  x=y
  y=k
endif
?x,y
```

(2)编写程序 stu_chdate.prg，将上题程序修改为：从键盘输入日期后，首先判断该指定日期以后出生的学生是否存在，若存在，显示这些学生信息，否则提示"没找到"。

```
clear
open database 成绩管理
use student
input "请输入一个日期" to date
locate for sbirth>date
if found()
select * from student where sbirth>date
else
?"没找到"
endif
close databases
return
```

(3)编写程序 tea_info.prg，从键盘输入教师性别和职称，利用成绩管理数据库对 teacher 表进行查找，首选判断性别，再定位该性别中是否有指定的职称。如果有，在工作区显示，并给出"找到记录"提示信息；否则，给出"记录未找到"提示。

```
clear
open database 成绩管理
use teacher
accept "请输入教师的性别" to xb
accept "请输入教师的职称" to zc
if xb="男"
   locate for tpost=zc and tsex=xb
   if found()
   list for tpost=zc and tsex=xb
```

```
        ?"职称为"+zc+'的男老师已显示'
      else
        ?"没有此职称的男老师"
      endif
  else
    locate for tpost=zc and tsex=xb
    if found()
    list for tpost=zc and tsex=xb
      ?"职称为"+zc+'的女老师已显示'
    else
      ?"没有此职称的女老师"
    endif
  endif
endif
```

(4)编写程序 equat.prg，输入一元二次方程的三个系数 a,b,c，计算方程的根。

```
clear
input "请输入一元二次方程的二次系数 a" to a
input "请输入一元二次方程的一次系数 b" to b
input "请输入一元二次方程的常数项 c" to  c
if  a=0
    if  b=0
      ?"不是方程"
    else
?"不是一元二次方程，是一元一次方程，方程的根是: ",-c/b
    endif
else
    t=b^2-4*a*c
    if  t=0
    ?"有两个相同的实根",-b/(2*a)
    else
      if  t>0
      x1=(-b+sqrt(t))/(2*a)
      x2=(-b-sqrt(t))/(2*a)
      ?"有两个不相等的实根",x1,x2
      else
      p=-b/(2*a)
      q=sqrt(-t)/(2*a)
      ?"有两个复根",p,"+",q,"i","和",p,"-",q,"i"
      endif
    endif
endif
```

(5)计算分段函数值。

$$f(x)= \begin{cases} 2x-1 & (x<0) \\ 3x+5 & (0 \leqslant x<3) \\ x+1 & (3 \leqslant x<5) \\ 5x-3 & (5 \leqslant x<10) \\ 7x+2 & (x \geqslant 10) \end{cases}$$

```
clear
input "x=" to x
do case
  case x<0
    f=2*x-1
  case x<3
    f=3*x+5
  case x<5
    f=x+1
  case x<10
    f=5*x-3
  otherwise
    f=7*x+2
endcase
?"f",x,")=",f
```

5. 循环结构程序设计

(1) 用 do while 循环语句，编写程序 add.prg，计算 2+4+…+100。

```
clear
i=2
s=0
do while i<=100
s=s+i
i=i+2
enddo
?"1~100 之间偶数的和是",s
```

(2) 用 do while 循环语句，编写程序 score_info.prg，从键盘输入一个课程号，显示所有该课程的选修信息及选修人数。

```
use score
s=0
accept "请输入课程号" to kch
locate for cno=kch
do while not eof()
display
s=s+1
continue
enddo
?"课程号为"+kch+"的选修人数为",s
```

(3) 用 for 循环语句，编写程序 prime.prg，判断一个大于 3 的自然数是否为素数。

```
clear
input "请输入一个整数"  to  n
i=2
for i=3 to n
    if  n%i=0
exit
```

```
    endif
    i=i+1
  endfor
  if  i=n
    ?"是素数"
  else
    ?"不是素数"
  endif
```

(4)编写程序 multi.prg，输出"九-九"乘法表。

```
1
2    4
3    6    9
4    8    12   16
5    10   15   20   25
6    12   18   24   30   36
7    14   21   28   35   42   49
8    16   24   32   40   48   56   64
9    18   27   36   45   54   63   72   81
clear
for i=1 to 9
  for j=1 to i
  ??str(j*i,5)
  endfor
  ?
endfor
```

(5)统计学生表中的女生的人数。

```
clear
use 学生表
store 0 to s
scan  for 性别="女"
s=s+1
endscan
?s
use
```

6. 过程及过程调用

(1)过程定义：输入以下程序并运行之，分析运行结果。

```
clear
l1=1
?"调用过程 proc1 之前的值："
?"l1=",l1
? "l2=",type("l2")
do proc1
?"调用过程 proc1 之后的值："
?"l1=",l1
```

```
? "l2=",l2
release l2
return
*过程proc1
procedure proc1
public l2
l1=10
l2=20
? "调用过程proc1中的值："
?"l1=",l1
? "l2=",l2
endproc
```

(2) 参数传递。

① 输入以下程序并运行之，分析运行结果。

```
x=5
y=6
z=7
set udfparms to value
do compare with x,y
    ?? z
return

procedure compare
parameter x,y
  if x>y
    ? x,y
  else
    ? y,x
  endif
endproc
```

② 输入以下程序并运行之，分析运行结果。

```
clear
dimension  a(10)
for i=1 to 10
    a(i)=11-i
endfor
do change with  a
?a(1),a(2),a(3),a(4),a(5),a(6),a(7),a(8),a(9),a(10)
return

procedure change
parameters x
for i=1 to 5
    t=x(i)
x(i)=x(11-i)
```

```
    x(11-i)=t
  endfor
```

(3) 变量的作用域。

① 输入以下程序并运行之，分析运行结果。

```
local a
store 100 to a,b
?'执行过程前a,b的值',a,b
do p1
?'执行过程后a,b的值',a,b
?'c=',c

proc p1
store 200 to a,b
?'执行过程时a,b的值',a,b
public c
c=300
endproc
```

② 输入以下程序并运行之，分析运行结果。

```
clear
public a,b
a=10
b=20
do p1
?a,b

procedure p1
private a
a=1
local b
do p2
?a,b

procedure p2
a=.t.
b=.t.
return
```

实验 7 表 单 设 计

一、实验目的

(1)掌握用表单向导创建表单的操作方法。

(2)掌握用表单设计器创建表单的操作方法。

(3)掌握修改、运行表单的操作方法。

(4)掌握常用表单控件的功能、主要属性、事件和方法代码。

二、实验内容

1. 利用表单向导 student_brow.scx，建立可以对 student 表进行逐个记录浏览的表单，如图 7.1 所示

图 7.1　学生信息浏览表单运行结果

(1)单击工具栏上的"新建"按钮，在弹出的"新建"对话框中选择"表单"，然后单击"向导"。

(2)在"向导选取"对话框中，选择"表单向导"，如图 7.2 所示。

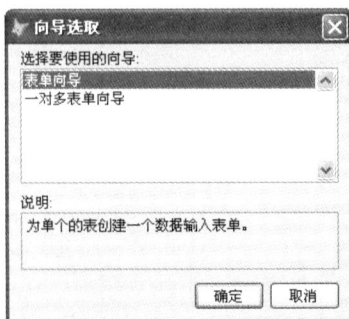

图 7.2　"向导选择"对话框

(3)在"字段选取"对话框中，添加"student"表，并选择该表的全部字段作为当前的"选定字段"，如图 7.3 所示。

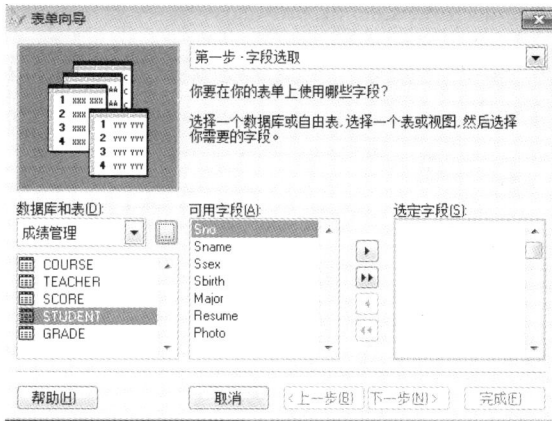

图 7.3 为表单选取字段

(4)在"表单样式"对话框中，选择"浮雕式"作为当前窗体采用的样式，如图 7.4 所示。

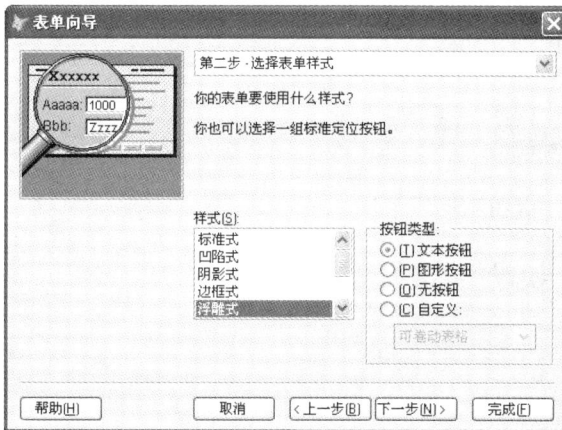

图 7.4 表单样式对话框

(5)在"排序次序"对话框中，选择"学号"字段的升序，如图 7.5 所示。

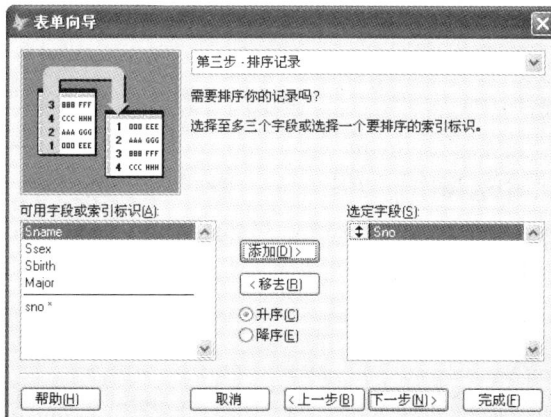

图 7.5 选择排序顺序对话框

(6)在"完成"对话框中，输入标题"学生信息浏览"，并预览表单效果，最后单击"完成"按钮，以 student_brow 为文件。

(7)在命令窗口中输入：do form student_brow.scx，运行表单，结果如图 7.6 所示。

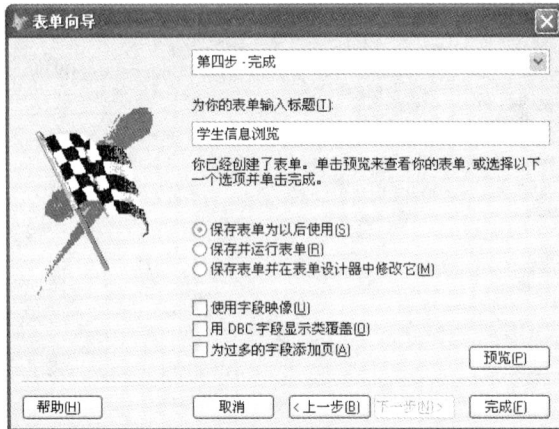

图 7.6　表单的保存与预览

2. 根据"student"表、"score"表，用"表单向导"创建一对多表单"student_grade.scx"，如图 7.7 所示

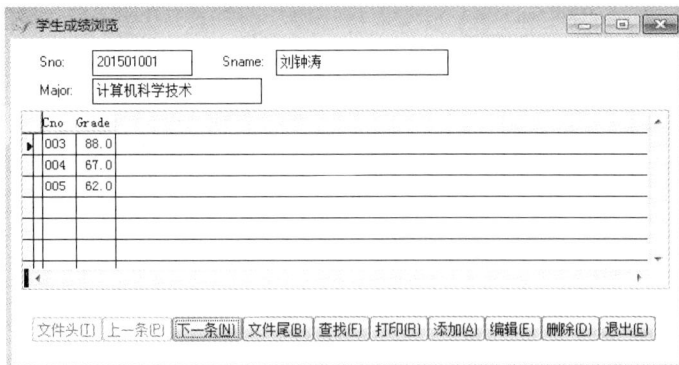

图 7.7　学生成绩浏览表单运行结果

(1)打开"文件"菜单，选择"新建"命令，在弹出的"新建"对话框中选择"表单"，然后单击"向导"。

(2)在"向导选取"窗口中选择"一对多表单向导"，单击"确定"按钮，进入"第一步"窗口。

(3)在"第一步"窗口中选择作为数据源的"成绩管理"数据库(保证在这个数据库中有两个表已建立了一对多的关联关系)，再选择父表 student 中的 Sno、Sname 和 Major 字段，如图 7.8 所示，单击"下一步"按钮，进入"第二步"窗口。

(4)在"第二步"窗口中选择子表 Score 中的 Cno 及 Grade 字段，如图 7.9 所示，单击"下一步"按钮，进入"第三步"窗口。

(5)在"第三步"窗口中选择父表与子表的关联字段 sno，如图 7.10 所示，单击"下一步"按钮，进入"第四步"窗口。

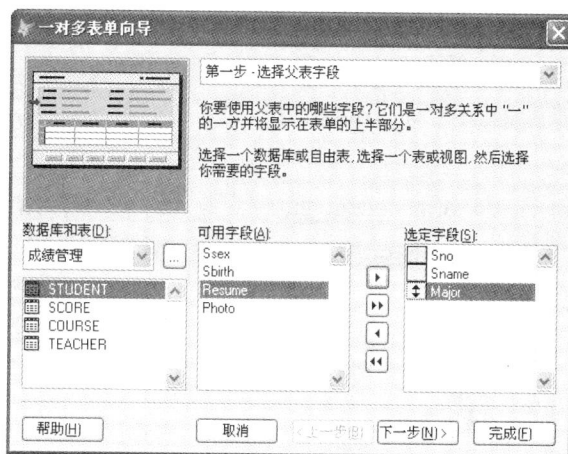

图 7.8　选择父表及表中字段

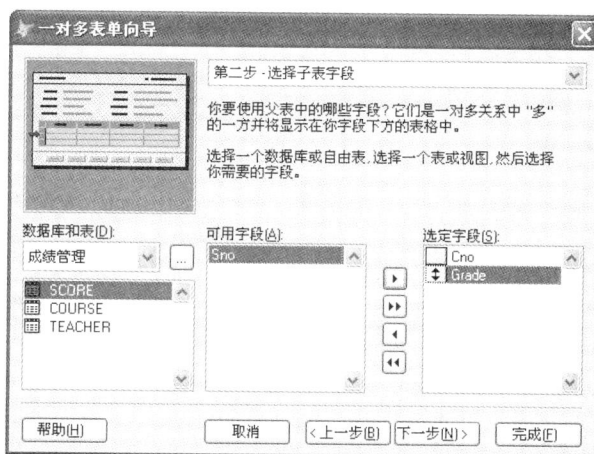

图 7.9　选择子表及表中字段

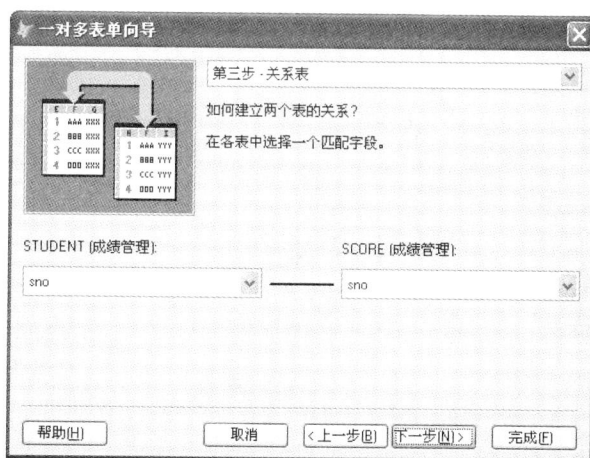

图 7.10　建立父表和子表的关系

(6)在"第四步"窗口中选择选择表单样式为标准式，按钮类型为图形按钮，单击"下一步"按钮，进入"第五步"窗口。

(7)在"第五步"窗口中选择字段确定记录的输出顺序，单击"下一步"按钮，进入"第六步"窗口。

(8)在"第六步"窗口中，输入表单标题"学生成绩浏览"，单击"完成"按钮，以 student_grade 为文件名。

(9)在命令窗口中输入：do form student_grade.scx，运行表单，结果如图 7.11 所示。

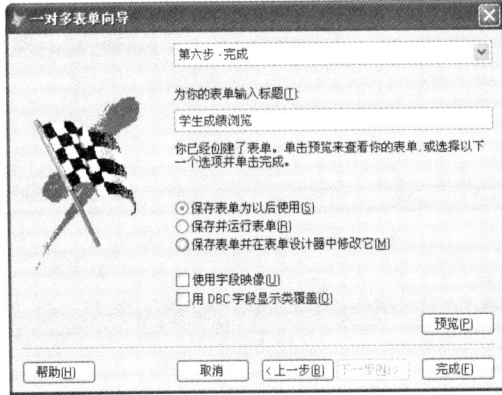

图 7.11　表单的保存与预览

3. 创建如图 7.12 所示的表单 text_password.scx，利用标签、文本框，按钮实现密码的输入与显示

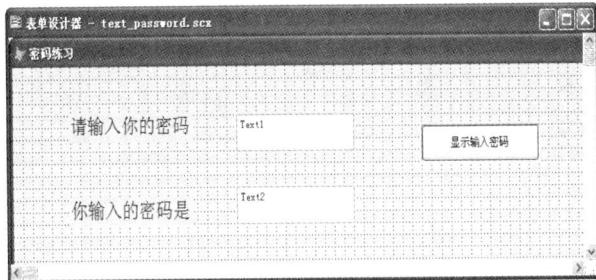

图 7.12　密码练习表单布局

(1)打开"文件"菜单，选择"新建"命令，在弹出的"新建"对话框中选择"表单"，然后单击"新建文件"。

(2)进入"表单设计器"窗口，将表单标题即 caption 属性设为"密码练习"。

(3)向表单中添加如下控件并进行属性设置。

① 两个标签控件 label1 和 label2，label1 的属性 caption="请输入你的密码"，label2 的属性 caption="你输入的密码是"，两个标签控件的属性 fontsize=16,forecolor=(0,0,255),autosize= .t.-真。

② 两个文本框 text1 和 text2，其中 text1 用来输入密码，其属性 passwordchar="*"。

③ 命令按钮 command1，属性 caption="显示输入密码"。

(4)方法和事件代码。

command1 的 click 事件代码如下：

```
thisform.text2.value=thisform.text1.value
```

（5）在命令窗口中输入：do form text_password.scx，运行表单，结果如图 7.13 所示。

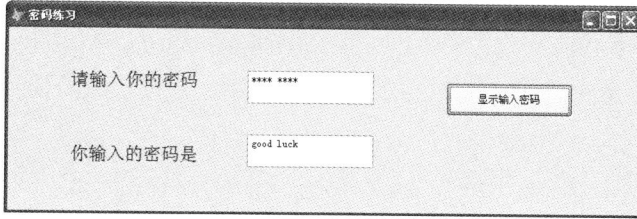

图 7.13 密码练习表单运行结果

4．创建如图 7.14 所示的表单 student_info.scx，利用标签、文本框、编辑框及图像控件实现学生的记录的浏览浏览与编辑(浏览学生信息时可以对个人经历进行编辑)

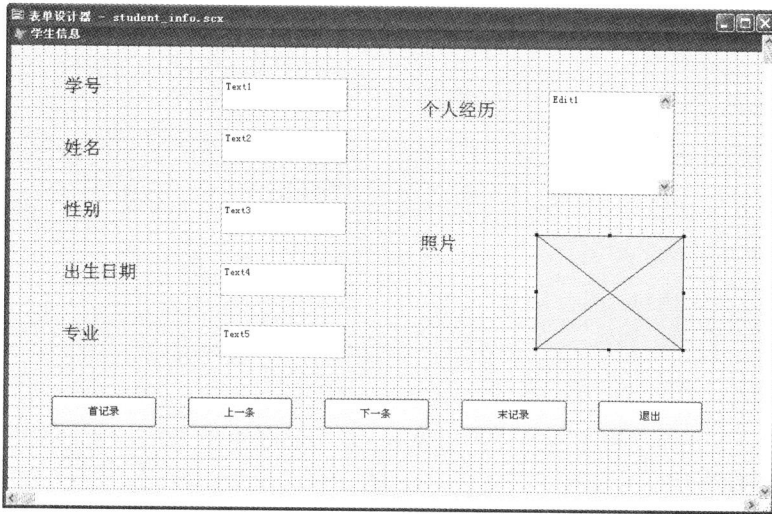

图 7.14 学生信息表单布局

（1）打开"文件"菜单，选择"新建"命令，在弹出的"新建"对话框中选择"表单"，然后单击"新建文件"。

（2）进入"表单设计器"窗口，将表单标题即 caption 属性设为"学生信息"，设置表单背景色即 backcolor 为(249,241,204)。

（3）将 student 表添加到表单的数据环境中。

（4）向表单中添加如下控件并进行属性设置。

① 7 个标签控件：label1~label7，设置标签 label1，属性 caption(标题)为：学号；fontname(字体)为:楷体；fontsize(字号)为：16；backstyle 为:0-透明；readonly 为：t-真。

② 依次将 label2~label7 的 caption 属性设置为：姓名、性别、出生日期、专业、个人经历和照片，其余属性与 label1 相同。

③ 5 个文本框控件 text1~text5，设置文本框 text1，属性 height(高度)为 38，width(宽度)为 144，controlsource(数据源)为 student.sno。

④ 依次将 text2~text5 的 controlsourde 属性设置为：student.sname、student.ssex、、student.sbrith、student.major，其余属性与 text1 相同。

⑤ 一个编辑框 edit1，属性 height 为 120；width 为 144；controlsource 为 student.resume。

⑥ 一个 ole 绑定控件 oleboundcontrol1，将属性 controlsource 设置为：student.photo。

(5) 向表单中添加 5 个命令按钮，各命令按钮大小一样,水平方向对齐，间距一样，并添加相应程序代码。

① command1 标题为"首记录"，实现 student 表第 1 条记录的浏览与编辑，在其 click 事件中添加如下代码：

```
go top
thisform.refresh
```

② command2 标题为"上一条"，实现当前记录的上一条记录的浏览与编辑，若到文件首，则到跳转到文件末记录，在其 click 事件中添加如下代码：

```
skip -1
if bof()
go bottom
endif
thisform.refresh
```

③ 命令按钮 command3 标题为"下一条"，实现当前记录的下一条记录记录的浏览与编辑；若跳转到文件尾，则移到首记录，在其 click 事件中添加如下代码：

```
skip 1
if eof()
go top
endif
thisform.refresh
```

④ 命令按钮 command4 标题为"末记录"，实现 student 表最后一条记录的浏览与编辑，在其 click 事件中添加如下代码：

```
go bottom
thisform.refresh
```

⑤ 命令按钮 command5 标题为"退出"，实现表单的释放，在其 click 事件中添加如下代码：

```
thisform.release
```

(6) 在命令窗口中输入:do form student_info.scx 运行表单，结果如图 7.15 所示。

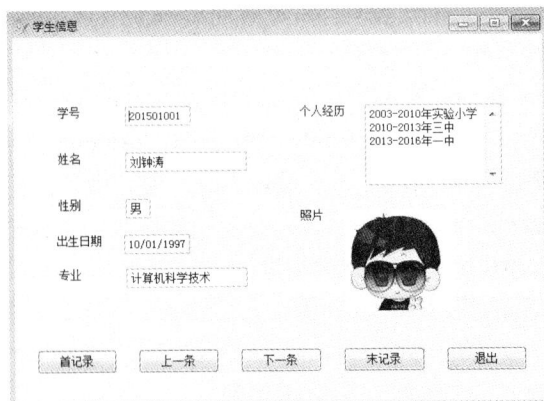

图 7.15　学生信息表单运行结果

5. 在上题 student_info.scx 的基础上，利用计时器实现记录的自动浏览，如图 7.16 所示

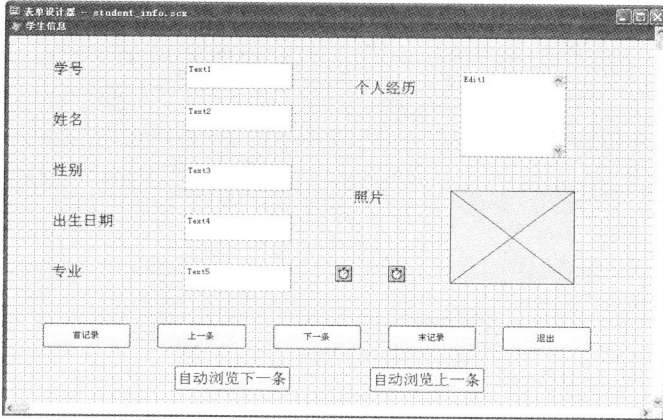

图 7.16　计时器练习表单布局

(1)向表单中添加如下控件并进行属性设置。

① 计时器 timer1 和 timer2，设置两个计时器属性 interval=1000（时间间隔为 1 秒），enabled=.f.-假。

② 两个命令按钮 command1 和 command2，command1 的属性 caption="自动浏览下一条"，command2 的属性 caption="自动浏览上一条"。

(2)方法和事件代码。

① timer1 的 timer 事件实现自动跳转到下一条记录，若到文件尾，则跳转到首记录，代码如下：

```
skip 1
if eof()
go top
endif
thisform.refresh
```

② timer2 的 timer 事件实现自动跳转到上一条记录，若到文件首，则跳转到末记录，代码如下：

```
skip -1
if bof()
go bottom
endif
thisform.refresh
```

③ 单击 command1，让计时器 timer1 工作，实现自动浏览下一条记录，而让计时器 timer2 停止工作，其 click 事件代码如下：

```
thisform.timer1.enabled=.t.
thisform.timer2.enabled=.f.
```

④ 单击 command1 让 timer1 工作，实现自动浏览下一条记录，其 click 事件代码如下：

```
thisform.timer1.enabled=.f.
thisform.timer2.enabled=.t.
```

(3)在命令窗口中输入：do form student_info.scx，运行表单，该表单运行结果如图 7.17 所示。

图 7.17　计时器练习表单运行结果

6. 设计录入学生信息表单

(1)新建"学生成绩管理"项目管理器，添加"成绩管理"数据库到项目管理器中，如图 7.18 所示。

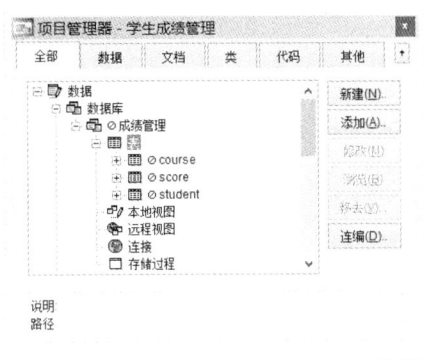

图 7.18　"学生成绩管理"项目管理器

(2)在项目管理器中，新建"录入学生信息.scx"表单，如图 7.19 所示。

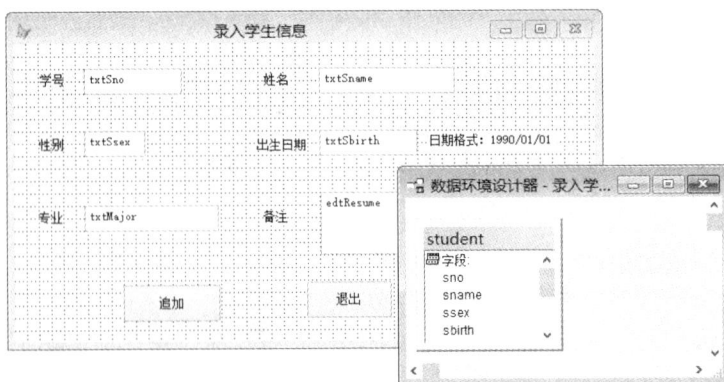

图 7.19　录入学生信息表单

步骤说明：右击表单在数据环境中添加 student.dbf 表，在数据环境设计器中拖动 sno,sname,ssex,sbirth,major,resume 字段到表单的合适位置，生成标签、文本框控件，并将生成的 sno,sname,ssex,sbirth,major,resume 标签改成学号、姓名、性别、出生日期、专业、备注。

（3）在事件中写入代码

① 在 txtSno 控件的 LostFocus 事件中写代码：

```
SELECT student
LOCATE FOR ALLTRIM(sno)=ALLTRIM(thisform.txtSno.value)
IF FOUND()
    thisform.txtSname.value=ALLTRIM(Sname)
    thisform.txtSsex.value=ALLTRIM(Ssex)
    thisform.txtSbirth.value=DTOC(Sbirth)
    thisform.txtMajor.value=ALLTRIM(Major)
    thisform.edtResume.value=ALLTRIM(Resume)
ELSE
    thisform.txtSname.value=""
    thisform.txtSsex.value=""
    thisform.txtSbirth.value=""
    thisform.txtMajor.value=""
    thisform.edtResume.value=""
ENDIF
    thisform.Refresh
```

② 在追加按钮的 click 事件中写代码：

```
IF EMPTY(thisform.txtSno.value) AND EMPTY(thisform.txtSname.value)
    MESSAGEBOX("学号和姓名值不能为空！",0+48,"请输入值")
else
    SELECT student
    LOCATE FOR Sno=ALLTRIM(thisform.txtSno.value)
    IF FOUND()
        replace Sname WITH ALLTRIM(thisform.txtSname.value) Ssex WITH;
        ALLTRIM(thisform.txtSsex.value);
        Sbirth WITH CTOD(ALLTRIM(thisform.txtSbirth.value)) Major WITH;
        ALLTRIM(thisform.txtMajor.value) Resume WITH;
        ALLTRIM(thisform.edtResume.value)
    else
        INSERT INTO student(Sno,Sname,Ssex,Sbirth,Major,Resume)values;
    (ALLTRIM(thisform.txtSno.value),ALLTRIM(thisform.txtSname.value),;
    ALLTRIM(thisform.txtSsex.value),;
    CTOD(ALLTRIM(thisform.txtSbirth.value)),;
    ALLTRIM(thisform.txtMajor.value),ALLTRIM(thisform.edtResume.value))
    ENDIF
ENDIF
thisform.txtSno.value=""    &&清空文本框的值，等待录入下一个学生的信息。
thisform.txtSname.value=""
thisform.txtSsex.value=""
thisform.txtSbirth.value=""
```

```
thisform.txtMajor.value=""
thisform.edtResume.value=""
thisform.refresh
```

③ 退出按钮的 click 事件代码如下：

```
thisform.release
```

(4)运行表单，结果如图 7.20 所示。

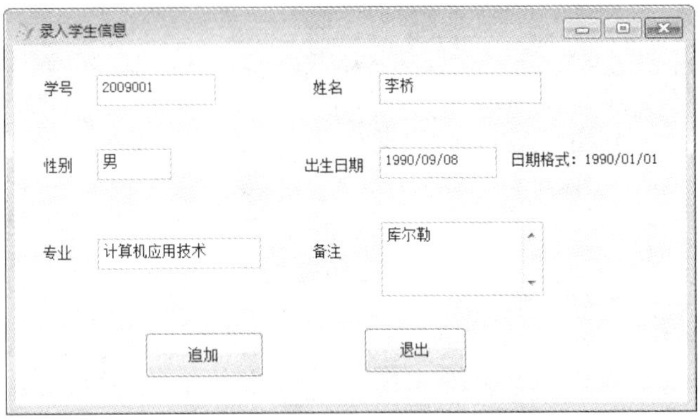

图 7.20 录入学生信息表单运行结果

7. 设计删除学生基本信息表单

(1)同以上实验 1 中的第(1)步。

(2)在项目管理器中，新建"删除学生信息.scx"表单，如图 7.21 所示。

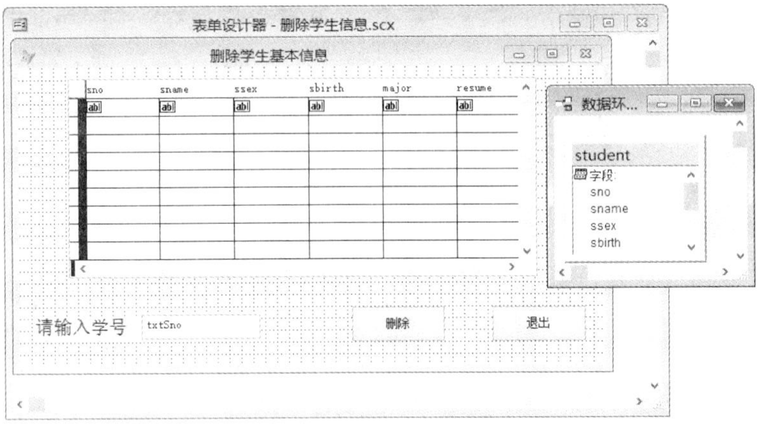

图 7.21 删除学生信息表单

步骤说明：右击表单在数据环境中添加 student.dbf 表，在数据环境设计器中拖动 student 标题到表单中的合适位置，grdStudent 表格就被添加到表单中；在表单中添加"请输入学号"标签、txtSno 文本框、删除按钮和退出按钮控件。

(3)在事件中写入代码

① 表单 init 事件中代码如下：

```
thisform.grdStudent.RecordSourceType= 0
```

```
thisform.grdStudent.RecordSource="student"
thisform.grdStudent.column1.header1.Caption="学号"
thisform.grdStudent.column2.header1.Caption="姓名"
thisform.grdStudent.column3.header1.Caption="性别"
thisform.grdStudent.column4.header1.Caption="出生日期"
thisform.grdStudent.column5.header1.Caption="专业"
thisform.grdStudent.column6.header1.Caption="备注"
thisform.grdStudent.column1.Width=80
thisform.grdStudent.column2.Width=90
thisform.grdStudent.column3.Width=40
thisform.grdStudent.column4.Width=70
thisform.grdStudent.column5.Width=100
thisform.grdStudent.column6.Width=80
```

② 删除按钮中 click 事件的代码如下：

```
CLOSE TABLES ALL
USE student.dbf EXCLUSIVE
RECALL
IF EMPTY(thisform.txtSno.value)
    MESSAGEBOX("请输入学号，值不能为空！",0+48,"注意：")
ELSE
    LOCATE FOR sno=ALLTRIM(thisform.txtSno.value)
    IF NOT FOUND()
    MESSAGEBOX("学号不存在！",0+48,"提示:")
    else
    DELETE FROM student where sno=ALLTRIM(thisform.txtSno.value)
    PACK
    MESSAGEBOX("信息已删除！",0+48,"操作成功")
    thisform.txtSno.Value=""
    endif
endif
thisform.Init
```

③ 退出按钮的 click 事件代码如下：

```
thisform.release
```

(4)运行表单，结果如图 7.22 所示。

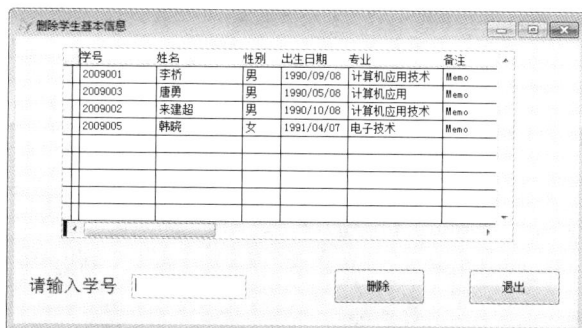

图 7.22　删除学生基本信息表单运行结果

8. 设计按学号查询成绩表单

(1)同实验 1 中的第(1)步。

(2)在项目管理器中，新建"按学号查询成绩.scx"表单，如图 7.23 所示。

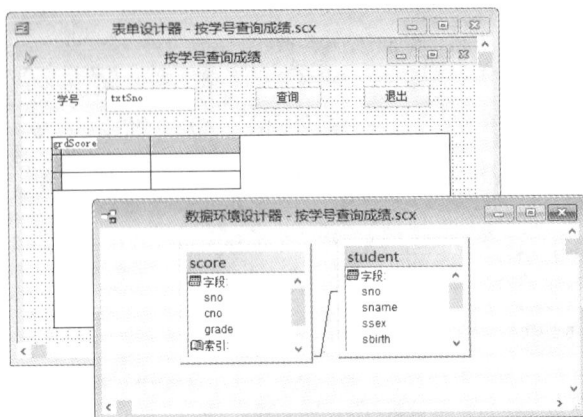

图 7.23　按学号查询成绩表单

　　步骤说明：右击表单在数据环境中添加 student.dbf 表及 score.dbf 表，在表单中添加学号标签、txtSno 文本框、查询按钮及退出按钮控件。

(3)在事件中写入代码。

① 表单 init 事件中代码如下：

```
SET SAFETY OFF
SELECT score.Sno,student.Sname,score.Cno,course.Cname,score.Grade FROM
Score,course,student WHERE score.Sno=student.Sno;
AND course.Cno=score.Cno ORDER BY score.Sno asc INTO TABLE cxbSno
thisform.grdScore.RecordSourceType= 0
thisform.grdScore.RecordSource="cxbSno"
thisform.grdScore.column1.header1.Caption="学号"
thisform.grdScore.column2.header1.Caption="姓名"
thisform.grdScore.column3.header1.Caption="课程号"
thisform.grdScore.column4.header1.Caption="课程名"
thisform.grdScore.column5.header1.Caption="分数"
thisform.grdScore.column1.Width=80
thisform.grdScore.column2.Width=90
thisform.grdScore.column3.Width=40
thisform.grdScore.column4.Width=100
thisform.grdScore.column5.Width=60
```

② 查询按钮的 click 事件代码如下：

```
SELECT Score.Sno,student.Sname,Score.Cno,course.Cname,Score.Grade FROM
Score,course,student WHERE Score.Sno=student.Sno;
AND course.Cno=Score.Cno AND; ALLTRIM(score.Sno)=ALLTRIM(thisform.
txtSno.value) INTO TABLE cxbSno
SELECT cxbSno
LOCATE FOR Sno=ALLTRIM(thisform.txtSno.value)
```

```
IF NOT FOUND()
MESSAGEBOX("该生成绩还没录入，请先录入成绩！",0+48,"注意：")
ELSE
thisform.grdScore.RecordSourceType= 0
thisform.grdScore.recordsource="cxbSno"
thisform.grdScore.column1.header1.Caption="学号"
thisform.grdScore.column2.header1.Caption="姓名"
thisform.grdScore.column3.header1.Caption="课程号"
thisform.grdScore.column4.header1.Caption="课程名"
thisform.grdScore.column5.header1.Caption="分数"
thisform.grdScore.column1.Width=80
thisform.grdScore.column2.Width=90
thisform.grdScore.column3.Width=40
thisform.grdScore.column4.Width=100
thisform.grdScore.column5.Width=60
ENDIF
thisform.refresh
```

③ 退出按钮的 click 事件代码如下：

```
thisform.release
```

(4)运行表单，结果如图 7.24 所示。

图 7.24　按学号查询成绩表单运行结果

9. 利用标签、选项按钮组、命令按钮控件实现学生成绩统计

(1)新建表单文件 student_stati.scx，进入"表单设计器"窗口，将表单标题 caption 属性设为"学生成绩统计"，如图 7.25 所示。

(2)将 student 表、score 表添加到表单的数据环境中。

(3)向表单中添加如下控件并进行属性设置。

① 标签 label1，属性 caption= "请选择统计项目"；fontsize=36；autosize=.t.-真；

② 选项按钮组 optiongroup1，属性 value=1,bottoncount=3；

③ 选项按钮 option1，属性 value=1,caption= "按成绩排名统计"；

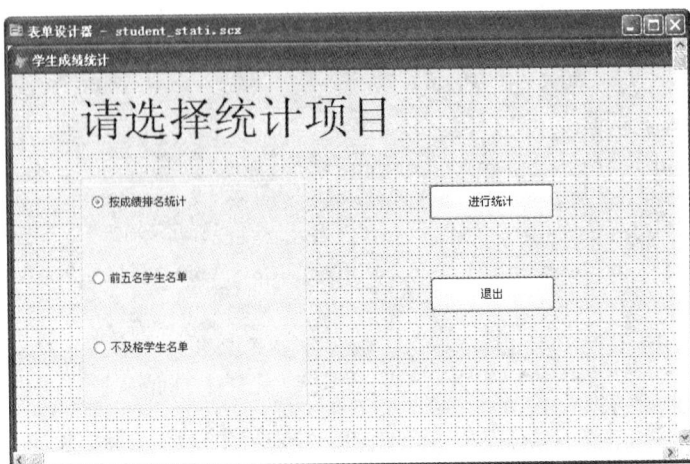

图 7.25　学生成绩统计表单布局

④ 选项按钮 option2，属性 value=0,caption="前五名学生名单"；

⑤ 选项按钮 option3，属性 value=0,caption="不及格学生名单"；

⑥ 命令按钮 command1，属性 caption="进行统计"；

⑦ 命令按钮 command2，属性 caption="退出"。

(4) 方法和事件代码。

① command1 的 click 事件代码如下：

```
do case
    case thisform.optiongroup1.value=1
    select student.sno as 学号,min(sname)as 姓名,count(*) as 选课门数,
avg(grade) as 平均分;
    from student,score;
    where student.sno=score.sno;
    group by student.sno;
    order by 平均分 desc;
    into table stu_stati
    alter table stu_stati add 名次 n(2)
    replace all 名次 with recno()
    brow
    case thisform.optiongroup1.value=2
    select student.sno as 学号,min(sname)as 姓名,count(*) as 选课门
数,avg(grade) as 平均分 top 5;
    from student,score;
    where student.sno=score.sno;
    group by student.sno;
    order by 平均分 desc;
    into table stu_stati
    alter table stu_stati add 名次 n(2)
    replace all 名次 with recno()
    brow
    case thisform.optiongroup1.value=3
    select student.sno as 学号,sname as 姓名,grade;
```

```
        from student,score;
        where student.sno=score.sno and grade<60
    endcase
```

② command2 的 click 事件代码如下:

```
    thisform.release
```

(5)在命令窗口中输入: do form student_stati.scx, 运行表单, 结果如图 7.26 所示。

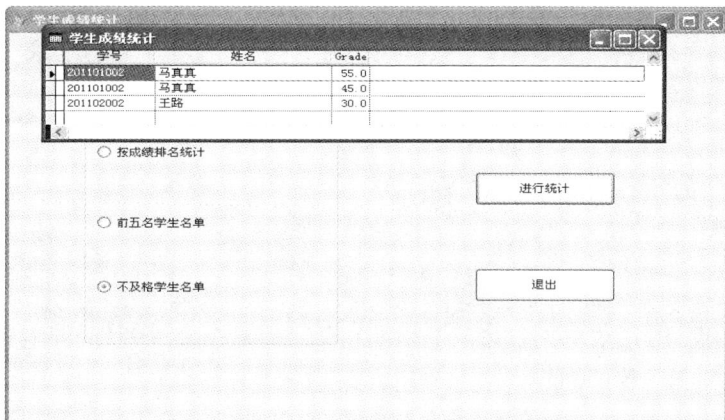

图 7.26 学生成绩统计表单运行结果

10. 利用列表框、按钮控件实现将左边列表框中课程信息中的课程号添加到右边列表框中, 同时也可以从右边列表框中将课程名删除

(1)新建表单文件 course_oper.scx, 进入"表单设计器"窗口, 将表单标题 caption 属性设为"课程添加与删除", 如图 7.27 所示。

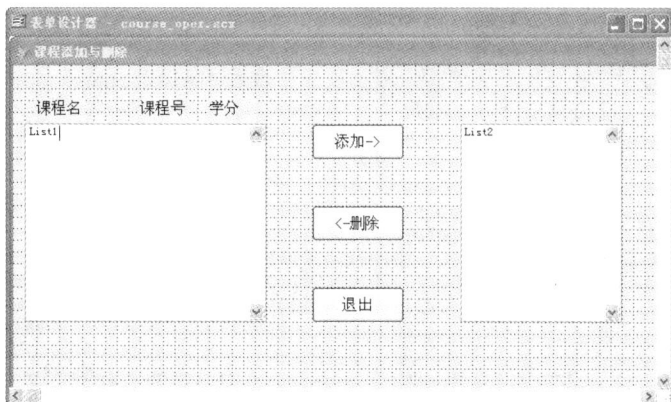

图 7.27 课程添加与删除表单布局

(2)将 course 表添加到表单的数据环境中。

(3)向表单中添加如下控件并进行属性设置。

① 标签 label1~label3, 属性 fontsize=12; autosize=.t.-真; caption 内容如布局图所示;

② 列表框 list1, 属性 rowsourcetype=6-字段; rowsourc= "course.cname,cno,ccredit"; columncount=3; multiselect=.t.-真;

③ 列表框 list2；

④ 命令按钮 command1，属性 caption= "添加->"；

⑤ 命令按钮 command2，属性 caption= "<-删除"；

⑥ 命令按钮 command3，属性 caption= "退出"。

(4) 方法和事件代码。

① command1 的 click 事件代码如下：

```
for i=1 to thisform.list1.listcount
 if thisform.list1.selected(i)
    thisform.list2.additem(thisform.list1.list(i))
 endif
endfor
```

② command2 的 click 事件代码如下：

```
i=1
do while i<=thisform.list2.listcount
  if thisform.list2.selected(i)
     thisform.list2.removeitem(i)
  else
    i=i+1
  endif
enddo
```

③ command3 的 click 事件代码如下：

```
thisform.release
```

(5) 在命令窗口中输入：do form course_oper.scx，运行表单，该表单可以添加单个课程，结果如图 7.28 所示，也可以添加多个课程，结果如图 7.29 所示。

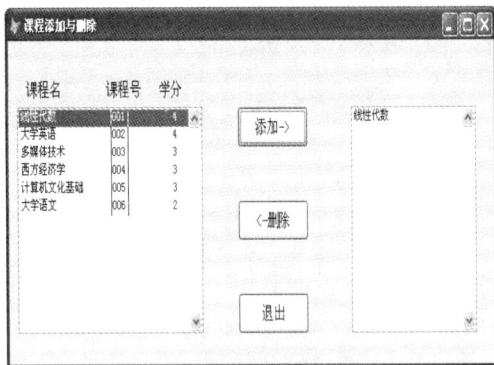

图 7.28　添加单个课程运行结果　　　　　　图 7.29　添加多个课程运行结果

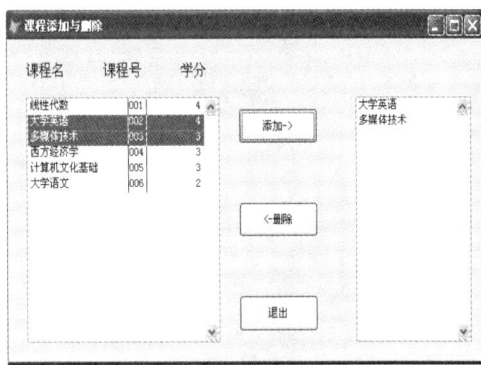

11. 实现对组合框中给出的课程号的选课人数进行统计，并将结果显示在文本框中

(1) 新建表单文件 course_count.scx，进入 "表单设计器" 窗口，将表单标题 caption 属性设为 "选课人数统计"，如图 7.30 所示。

(2) 将 score 表添加到表单的数据环境中。

(3) 向表单中添加如下控件并进行属性设置。

图 7.30 选课人数统计表单布局

① 标签 label1 和 label2，属性 fontsize=18；autosize=.t.-真；caption 属性如布局图所示；

② 组合框 combo1，属性 rowsourcetype=3-sql 语句：rowsource=" select distinct cno from score"；

③ 命令按钮 command1，属性 caption= "统计"；

④ 命令按钮 command2，属性 caption= "退出"；

⑤ 文本框 text1，属性 alignment=0-左。

(4)方法和事件代码。

① command1 的 click 事件代码如下：

```
select score
num=0
go top
do while not eof()
  if alltrim(cno)=alltrim(thisform.combo1.value)
  num=num+1
  endif
  skip
enddo
 thisform.text1.value=num
```

② command2 的 click 事件代码如下：

```
thisform.release
```

(5)在命令窗口中输入：do form course_count.scx，运行表单，结果如图 7.31 所示。

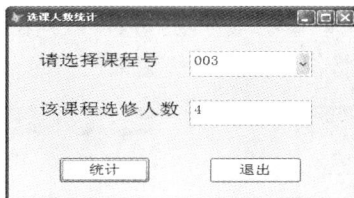

图 7.31 选课人数统计表单运行结果

实验 8　报表与标签设计

一、实验目的

(1)掌握使用快速报表创建简单报表的方法。

(2)掌握使用报表向导创建报表的方法。

(3)掌握使用报表设计器创建报表的方法。

(4)掌握标签的设计方法。

二、实验内容

1. 用快速报表命令以"student"表为例,创建报表"studentinfo.frx",如图 8.1 所示

图 8.1　学生情况报表打印预览

(1)单击工具栏上的"新建"按钮,在弹出的"新建"对话框中选择"报表",然后单击"新建文件"。

(2)在系统新增加的动态菜单—"报表"中执行"快速报表"命令。

(3)在弹出的"打开"对话框中选择"student"表,然后单击"确定"按钮。

(4)在弹出的"快速报表"对话框中,有两种报表布局选择,选择默认的横向布局,如图 8.2 所示。

(5)在"快速报表"对话框中,单击"字段"按钮,弹出"字段选择器",在其中选择该表中的相应字段,单击"确定"按钮,回到"快速报表"对话框,如图 8.3 所示。

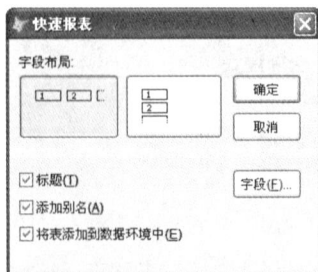

图 8.2　设置字段布局

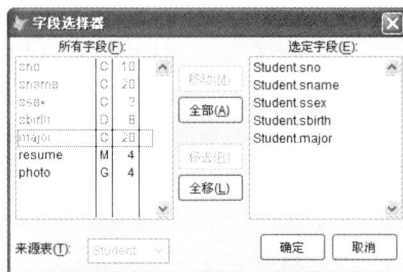

图 8.3　选择输出字段

(6)在"快速报表"对话框中，单击"确定"按钮，则报表在"报表设计器"中已经生成了，如图 8.4 所示。

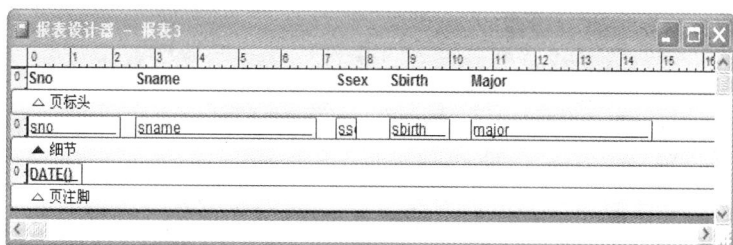

图 8.4　报表设计器

(7)为报表添加报表标题：打开"报表"菜单，选择"可选带区"命令，在打开的"报表属性"对话框中选择"可选带区"选项卡，选中"报表有标题带区"复选框，然后单击"确定"按钮，如图 8.5 所示。

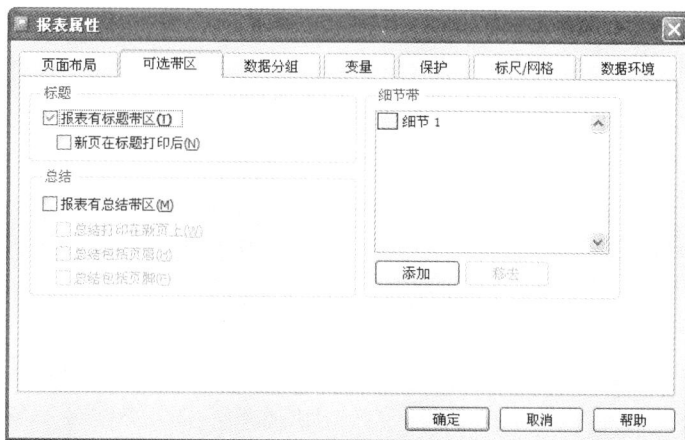

图 8.5　设置报表标题

(8)在"报表控件工具栏"中，选择"标签"控件，在报表设计器中新增加的"标题"带区中单击并输入报表标题"学生表基本情况"。

(9)单击工具栏上的"打印预览"按钮，查看到目前为止报表的情况。

(10)从预览窗口中可以看到如图 8.1 所示报表效果，该报表需要调整字型、字号以及整体布局，根据需要做出相应调整，关闭报表设计器窗口，系统弹出保存文件对话框，以 studentinfo.frx 文件存盘，如图 8.6 所示。

图 8.6　提示保存文件对话框

(11)在命令窗口中输入命令：report form studentinfo preview，进行报表预览，或者 d 命令窗口中输入命令：report form studentinfo to print 进行报表打印。

2. 使用报表向导以 score 表为例创建基于单个表的报表 score.frx，如图 8.7 所示

图 8.7 "选课成绩"报表预览

(1)单击工具栏上的"新建"按钮，在弹出的"新建"对话框中选择"报表"，单击"向导"。

(2)在"向导选取"对话框中，选择"报表向导"，如图 8.8 所示。

(3)在"字段选取"对话框中，添加"score"表，并选择该表的全部字段作为当前的"选定字段"，如图 8.9 所示。

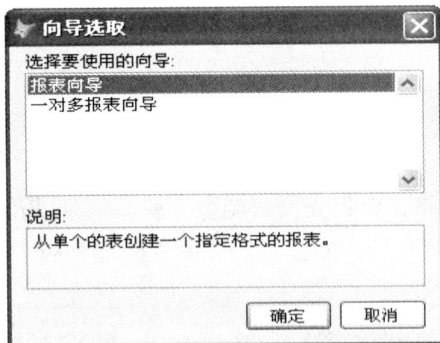

图 8.8 向导选取对话框

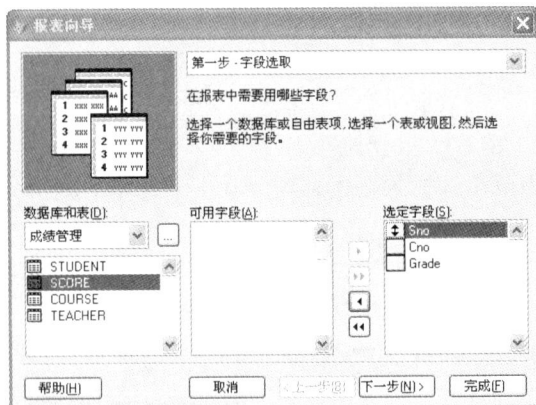

图 8.9 字段选取对话框

(4)在"分组记录"对话框中，选择默认值。

(5)在"选择报表样式"对话框中，选择"带区式"作为当前报表的样式，如图 8.10 所示。

(6)在"定义报表布局"对话框中，选择默认值。

(7)在"排序记录"对话框中，添加"sno"字段，并以该字段的"升序"作为排序方式，如图 8.11 所示。

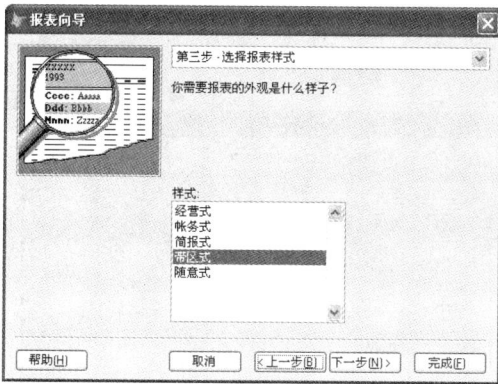

图 8.10　选择报表样式对话框　　　　　　　　图 8.11　排序记录对话框

(8) 在"完成"对话框中，输入报表标题"选课成绩"，并预览报表结果，然后单击"完成"按钮，以 socre.frx 文件存盘并预览报表。

3.　使用报表向导以 course 表及 score 表为例创建一对多报表 course_score.frx，如图 8.12 所示

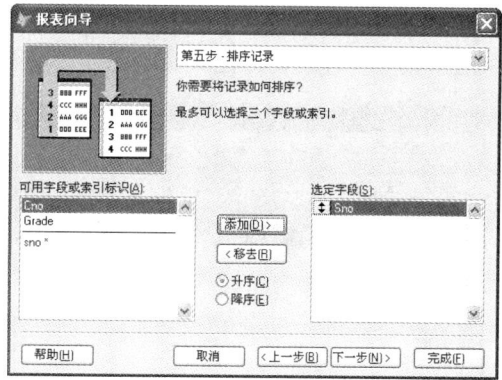

图 8.12　课程选修情况报表预览

(1) 单击工具栏上的"新建"按钮，在弹出的"新建"对话框中选择"报表"，然后单击"向导"。

(2) 在"向导选取"对话框中，选择"一对多报表向导"。

(3) 在"选择父表字段"对话框中，添加"course"表，并选择该表的 cno,cname 字段作为当前的"选定字段"，如图 8.13 所示，然后单击"下一步"按钮。

(4)在"选择子表字段"对话框中，添加"score"表，并选择该表的 sno,grade 字段作为当前的"选定字段"，如图 8.14 所示，然后单击"下一步"按钮。

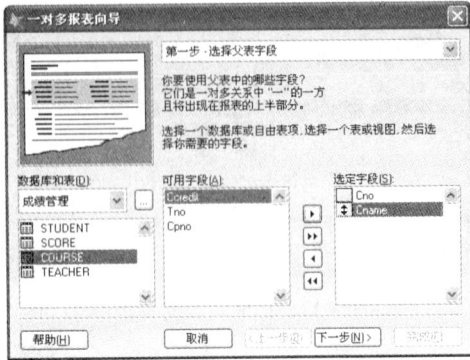

图 8.13　选择父表字段对话框　　　　　　图 8.14　选择子表字段对话框

(5)在"关联表"对话框中，为父表和子表建立一对多的关系，然后单击"下一步"按钮。

(6)在"排序记录"对话框中，添加"cno"字段，并以该字段的"升序"作为排序方式，然后单击"下一步"按钮。

(7)在"选择报表样式"对话框中，选择"简报式"带区式作为当前报表的样式，然后单击"下一步"按钮。

(8)在"完成"对话框中，输入报表标题"课程选修情况"，并预览报表结果，然后单击"完成"按钮，以 course_socre.frx 文件存盘并预览报表。

4. 使用报表设计器以 score 表为例创建报表 score_brow.frx，如图 8.15 所示

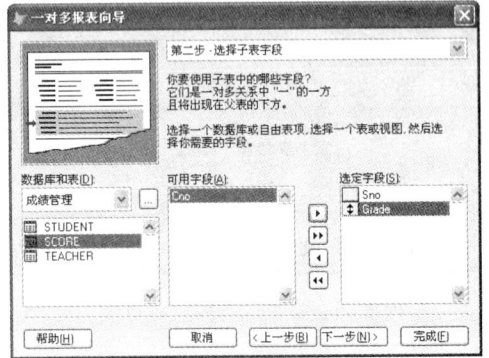

学号	课程号	成绩
201101001	003	85.0
201101001	004	65.0
201101001	005	.NULL
201101002	003	92.0
201101002	005	55.0
201101002	001	45.0
201101003	005	75.0
201101003	004	NULL
201102001	003	82.0
201102001	001	83.0
201102001	002	80.0
201102002	001	30.0
201102002	002	NULL
201102003	003	95.0
201102003	004	84.0
201103001	005	77.0

平均成绩　　72.923

图 8.15　成绩浏览报表预览

（1）单击工具栏上的"新建"按钮，在弹出的"新建"对话框中选择"报表"，然后单击"新建文件"。

（2）在"显示"菜单中选择"数据环境"，打开"数据环境设计器"对话框。

（3）在系统新增加的动态菜单——"数据环境"中执行"添加"命令。

（4）在弹出的"打开"对话框中选择"score"表，然后单击"确定"按钮。

（5）将"数据环境设计器"中"score"表的相应字段分别用鼠标拖到"报表设计器"的细节带区。

（6）在"报表控件"工具栏中，选择"标签"控件，在报表设计器中的"页标头"带区中单击并分别输入对应字段标题"学号"、"课程号"、"成绩"。

（7）为报表添加页注脚，在"报表控件"工具栏中，选择"字段"控件，在报表设计器中的"页注脚"带区中单击，弹出的"字段属性"对话框，在"常规"选项卡中的"表达式"文本框中输入"date（）"，单击"确定"按钮，为报表添加日期注脚，如图8.16所示。

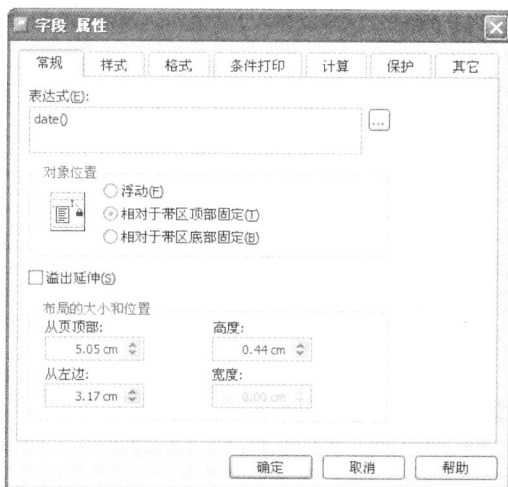

图8.16　为报表添加日期页注脚

（8）为报表添加标题带区：打开"报表"菜单，选择"可选带区"命令，在打开的"报表属性"对话框中选择"可选带区"选项卡，选中"报表有标题带区"复选框，然后单击"确定"按钮，如图8.17所示。

图8.17　为报表添加标题及总结带区

(9) 在"报表控件"工具栏中,选择"标签"控件,在报表设计器中新增加的"标题"带区中单击并输入报表标题"成绩浏览"。

(10) 为报表添加总结带区:打开"报表"菜单,选择"可选带区"命令,在打开的"报表属性"对话框中选择"可选带区"选项卡,选中"报表有总结带区"复选框,然后单击"确定"按钮,如图 8.17 所示。

(11) 在"报表控件"工具栏中,选择"标签"控件,在报表设计器中新增加的"总结"带区中单击并添加标签"平均成绩"。

(12) 在"报表控件"工具栏中,选择"字段"控件,在报表设计器中的"总结"带区中相应位置单击,弹出的"字段属性"对话框,单击"常规"选项卡中"表达式"文本框旁边的按钮,在弹出的"表达式生成器"对话框中选取此字段控件所需的字段"score.grade",如图 8.18 所示,单击"确定"按钮,返回字段属性对话框。

(13) 在"字段属性"对话框中,单击"计算"选项卡,选中"计算类型"列表中的"平均"选项,统计全部选课记录的平均成绩,如图 8.19 所示,单击"确定"按钮,返回"报表设计器"窗口。

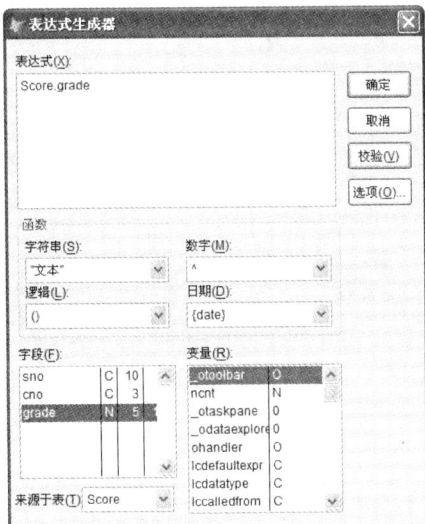

图 8.18　设置表达式

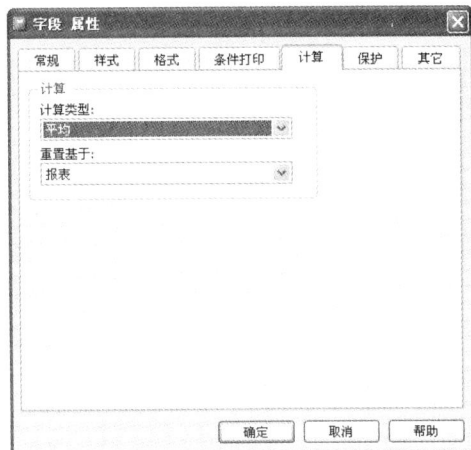

图 8.19　设置计算类型

(14) 在上面操作的基础上,还需要用"报表控件"工具栏及报表设计器工具栏对报表进行修改,以达到美观效果。如利用"线条"工具添加表中的横竖线;利用"字体属性"工具进行字体、字型及字号的设置。

(15) 单击工具栏上的"预览"按钮,查看到目前为止报表的情况。

(16) 从预览窗口中可以看到如图 8.15 所示报表效果,该报表需要调整字型、字号以及整体布局,根据需要做出相应调整,最后以 course_brow.frx 存盘。

5. 使用标签向导制作学生信息标签,文件名为 studentinfo.lbx,结果如图 8.20 所示

(1) 单击工具栏上的"新建"按钮,在弹出的"新建"对话框中选择"标签",然后单击"向导"。

(2) 在"选择表"对话框中,选择"STUDENT"表,如图 8.21 所示,单击"下一步"按钮。

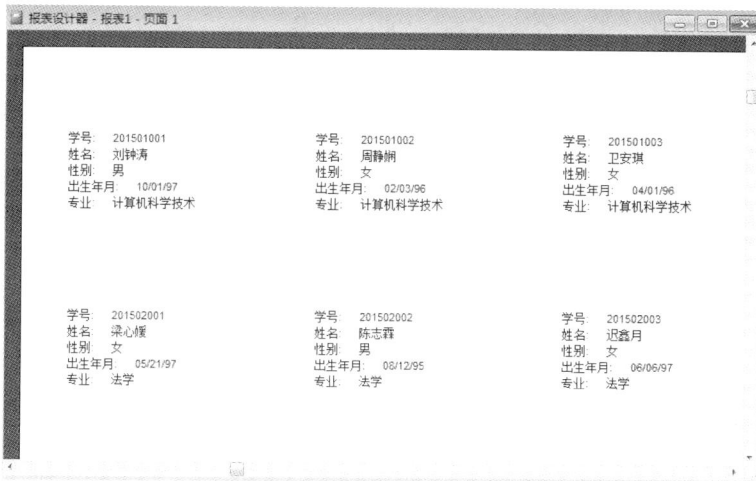

图 8.20 学生信息标签预览

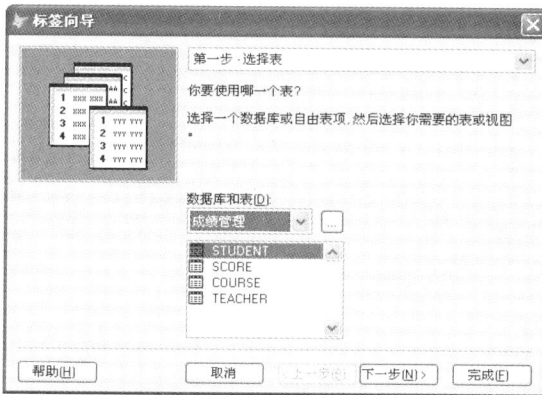

图 8.21 选择表对话框

（3）在"选择标签类型"对话框中，选择"公制单位"选项，并在尺寸列表中选择适合的尺寸，本例选择"averyL7161"，如图 8.22 所示，然后单击"下一步"按钮。

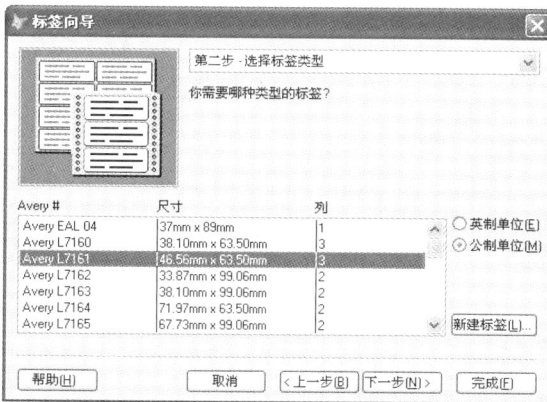

图 8.22 选择标签类型对话框

（4）在"定义布局"对话框中，在"文本"文本框中输入"学号"，单击 ▶ 按钮，则文本框中内容被添加到"选定字段"列表框中；单击 ⊞ 按钮，在"学号"后添加冒号，再单击 空格按钮若干次；在"可用字段"列表框中选中"Sno"字段，单击▶按钮，则"选定字段"列表框中有："学号:-----Sno"，然后单击↵按钮。

（5）重复上一步，依次将"可用字段"中其他字段全部添加到"选定字段"列表框中，如图 8.23 所示，然后单击"下一步"按钮。

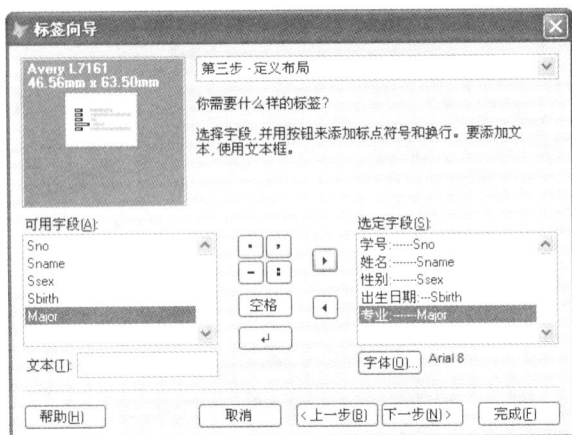

图 8.23　定义布局对话框

（6）在"排序记录"对话框中，在"可用字段或索引标识"列表框选择"Sno"，单击"添加"按钮，将它添加到"选定字段"列表框中，按"Sno"升序排序，然后单击"下一步"按钮。

（7）在"完成"对话框中，可单击"预览"按钮进行标签预览，并单击"完成"按钮以 studentinfo.lbx 保存文件，预览结果如图 8.20 所示。

实验 9 菜 单 设 计

一、实验目的

(1)掌握建立快速菜单的方法。
(2)熟练掌握菜单设计器的使用。
(3)掌握应用程序菜单的设计
(4)掌握快捷菜单的设计。

二、实验内容

1. 用快速菜单命令创建菜单

(1)单击工具栏上的"新建"按钮,在弹出的"新建"对话框中选择"菜单",然后单击"新建文件"。

(2)在"新建菜单"对话框中,选择"菜单"按钮,进入"菜单设计器"对话框。

(3)在系统新增加的动态菜单——"菜单"中执行"快速菜单"命令,这时与系统菜单完全一样的菜单项就会自动填入"菜单设计器"对话框中。

(4)对当前的菜单项做如下改动:保留"文件"和"编辑"两个主菜单项,如图 9.1 所示;再单击"文件"菜单项"结果"列上的"编辑"按钮,保留子菜单中的"新建"、"打开"、"关闭"和"退出"四个菜单项,如图 9.2 所示。

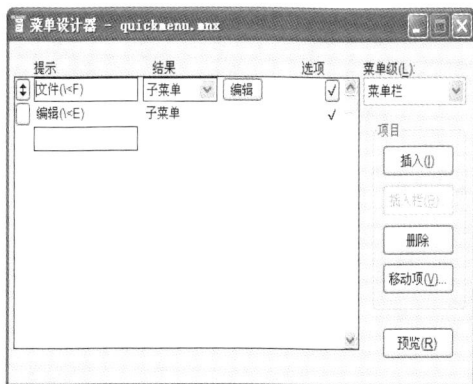

图 9.1 设置主菜单项

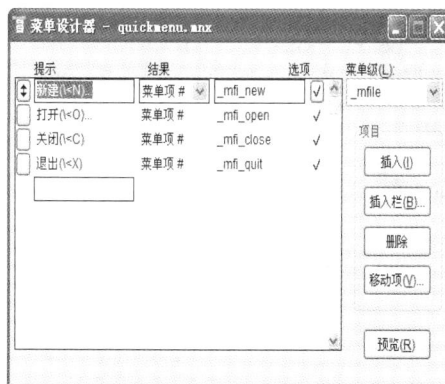

图 9.2 设置子菜单项

(5)单击"菜单设计器"中"菜单级"下拉列表,选择"菜单栏"返回主菜单项设置对话框,再单击"编辑"菜单项"结果"列上的"编辑"按钮,保留子菜单中的"剪切"、"复制"、"粘贴"三个子菜单项,单击"预览"按钮,查看菜单预览效果。

(6)生成菜单程序:执行"菜单"菜单中的"生成"命令,系统提示是否保存该菜单文件,如图 9.3 所示,以 quickmenu.mnx 保存文件;在弹出的"生成菜单"对话框中选定路径,并选定"生成"按钮,生成菜单程序,如图 9.4 所示。

图 9.3　保存菜单文件

图 9.4　生成菜单程序

(7)运行菜单程序：在命令窗口键入命令：do quickmenu.mpr，就会显示用户所定义的菜单，如图 9.5 所示。若要从该菜单退出，可往命令窗口键入 set sysmenu to default，该命令可以恢复系统菜单的缺省配置。

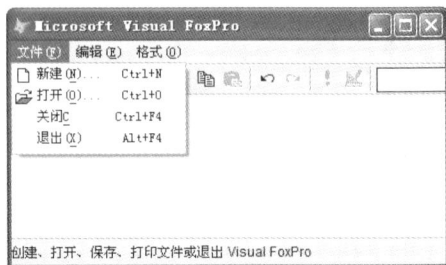

图 9.5　菜单程序运行结果

2.　利用菜单设计器创建菜单，当选择"浏览学生记录"菜单项时，运行实验 7 中的表单 student_info.scx; 当选择"查询学生选课"菜单项时,运行运行实验 7 中的表单 studinfo_check.scx

(1)单击工具栏上的"新建"按钮，在弹出的"新建"对话框中选择"菜单"，然后单击"新建文件"。

(2)在"新建菜单"对话框中，选择"菜单"按钮，进入"菜单设计器"对话框。

(3)定义下拉式菜单，主菜单有"浏览与查询"及"退出"两个菜单项，如图 9.6 所示。

(4)设置子菜单项：单击"浏览与查询"菜单项"结果"列上的"创建"按钮，进入"浏览与查询"子菜单项设置对话框，如图 9.7 所示，"浏览学生记录"的"结果"列为"命令"：do form student_info；"查询学生选课"的"结果"列为"命令"：do form stuinfo_check。

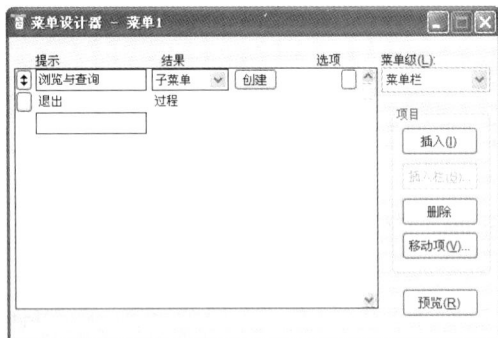

图 9.6　设置主菜单项

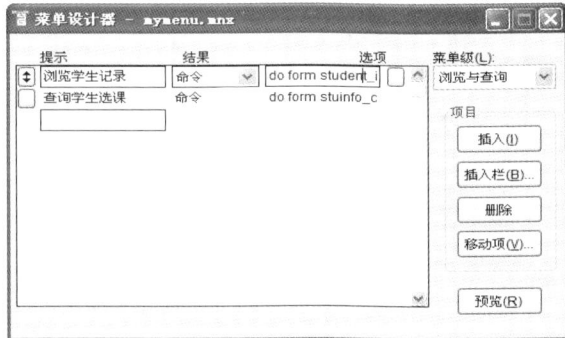

图 9.7　设置浏览与查询子菜单

(5)为菜单项"退出"设置过程代码：单击菜单项"结果"列上的"创建"按钮，在打开的文本编辑窗口中输入：set sysmenu to default。

(6)生成菜单程序：执行"菜单"菜单中的"生成"命令，系统提示是否保存该菜单文件，以"mymenu.mnx"保存文件；在弹出的"生成菜单"对话框中选定路径，并选定"生成"按钮，生成菜单程序。

（7）运行菜单程序：在命令窗口键入命令：do mymenu.mpr，就会显示用户所定义的菜单，如图9.8所示。

图9.8　菜单程序运行结果

3.　为实验7中的表单student_brow.scx创建快捷菜单

（1）单击工具栏上的"新建"按钮，在"新建"对话框中选择"菜单"，单击"新建文件"。

（2）在"新建菜单"对话框中，选择"快捷菜单"按钮，进入"快捷菜单设计器"对话框。

（3）在"快捷菜单设计器"对话框中，单击"插入栏"按钮，弹出"插入系统菜单栏"对话框，选定"新建"、"打开""关闭"按钮，如图9.9所示。

（4）单击"插入"按钮，再单击"关闭"按钮，返回"快捷菜单设计器"对话框，完成快捷菜单定义。

（5）选择系统菜单"显示"菜单下的"菜单选项"命令，弹出"菜单选项"对话框，在"名称"文本框中输入该快捷菜单的内部名称"menu1"，如图9.10所示，单击"确定"按钮，返回"快捷菜单设计器"对话框。

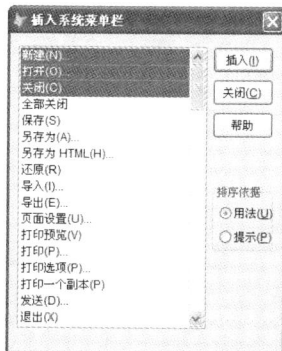

图9.9　选择系统菜单项

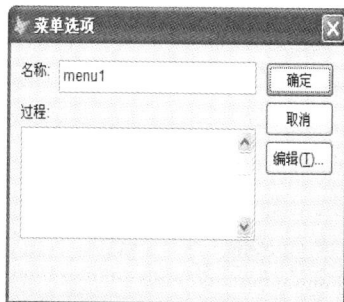

图9.10　设置快捷菜单内部名称

(6)选择系统菜单"显示"菜单下的"常规选项"命令，弹出"常规选项"对话框，选中"清理"复选框，并在"过程"文本框中输入：release popups menu1，如图9.11所示。

(7)生成菜单程序：执行"菜单"菜单中的"生成"命令，系统提示是否保存该菜单文件，以"快捷1.mnx"保存文件；在弹出的"生成菜单"对话框中选定路径，并选定"生成"按钮，生成菜单程序。

(8)打开表单 student_brow.scx，再打开表单代码窗口，在表单的 rightclick 事件中添加调用快捷菜单的命令：do 快捷1.mpr，如图9.12所示。

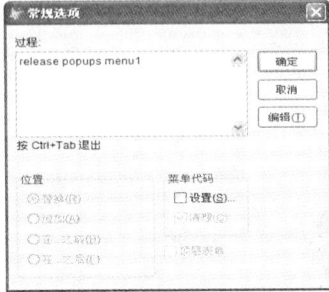

图9.11　设置清除快捷菜单命令　　　　图9.12　为表单设置调用快捷菜单的命令

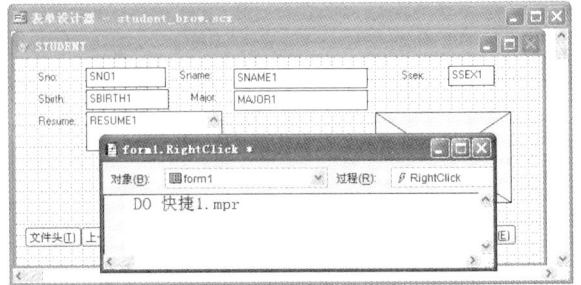

(9)运行表单 student_brow.scx，在运行窗口中右键单击，弹出上面所生成的快捷菜单，运行结果，如图9.13所示。

图9.13　快捷菜单运行结果

4. 为顶层表单添加菜单：为实验7中的表单 student_stati.scx 添加本实验第二题生成的菜单程序 mymenu.mpr

(1)打开第二题中生成的菜单文件"mymenu.mnx"。

(2)选择系统菜单"显示"菜单下的"常规选项"命令，弹出"常规选项"对话框，选中"顶层表单"复选框，单击"确定"按钮返回"菜单设计器"对话框。

(3)保存修改后的菜单文件"mymenu.mnx"，并重新生成菜单程序"mymenu.mpr"。

(4)打开表单 student_stati.scx，将其属性 showwindow 设置成"2-作为顶层表单"，使其成为顶层表单。

(5)打开表单代码窗口，在 init 事件中添加调用"mymenu.mpr"的命令，如图9.14所示。

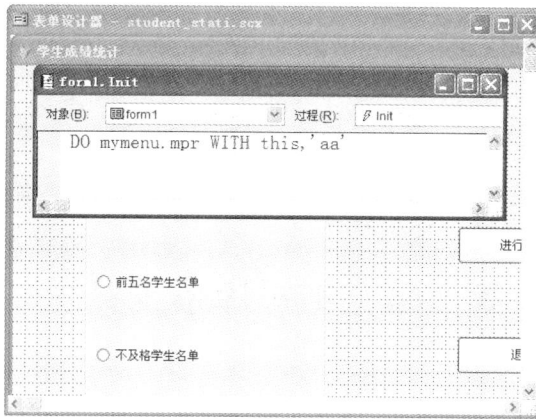

图 9.14　为顶层表单添加调用菜单程序的命令

(6)打开表单代码窗口，在 destory 事件中添加清除菜单的命令，如图 9.15 所示。

```
thisform.release
release menus aa extended
```

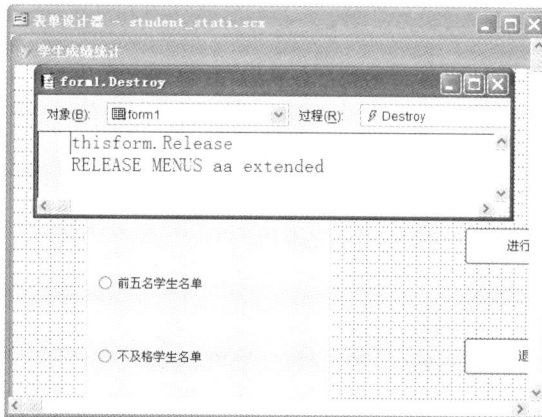

图 9.15　为顶层表单添加清除菜单程序的命令

(7)运行表单"student_stati.scx"，结果如图 9.16 所示。

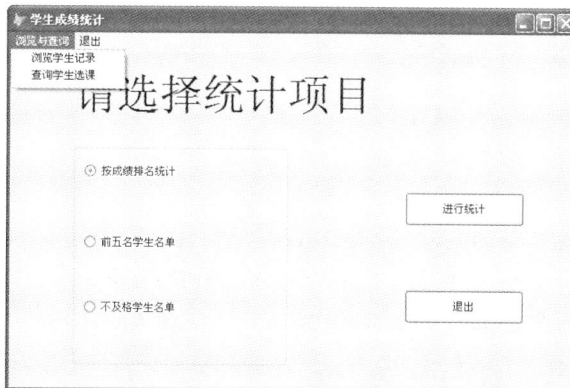

图 9.16　顶层表单添加菜单运行结果

习 题 部 分

第1章 数据库系统概述

一、选择题

1. 在数据库中存储的是_____。

    A．数据   B．数据模型

    C．数据以及数据之间的联系   D．数据结构

2. 数据库中，数据的物理独立性是指_____。

    A．数据库与数据库管理系统的相互独立

    B．用户程序与 DBMS 的相互独立

    C．用户的应用程序与存储在磁盘上数据库中的数据是相互独立的

    D．应用程序与数据库中数据的逻辑结构相互独立

3. 数据库的特点之一是数据的共享，严格地讲，这里的数据共享是指_____。

    A．同一个应用中的多个程序共享一个数据集合

    B．多个用户、同一种语言共享数据

    C．多个用户共享一个数据文件

    D．多种应用、多种语言、多个用户相互覆盖地使用数据集合

4. 对数据库进行创建、运行和维护的软件系统又叫做_____。

    A．数据库系统   B．操作系统   C．数据库管理系统   D．数据库应用系统

5. 以下不是主要数据模型的是_____。

    A．网状模型   B．层次模型   C．关系模型   D．顺序模型

6. 在数据管理技术的发展过程中，经历了人工管理阶段、文件系统阶段和数据库系统阶段，在这几个阶段中，数据独立性最高的是_____阶段。

    A．数据库系统   B．文件系统   C．人工管理   D．数据项管理

7. 数据库系统与文件系统的主要区别是_____。

    A．数据库系统复杂，而文件系统简单

    B．文件系统不能解决数据冗余和数据独立性问题，而数据库系统可以解决

    C．文件系统只能管理程序文件，而数据库系统能够管理各种类型的文件

    D．文件系统管理的数据量较少，而数据库系统可以管理庞大的数据量

8. 数据库的概念模型独立于_____。

    A．具体的机器和 DBMS   B．E-R 图

    C．信息世界   D．现实世界

9. 在数据库中，下列说法_____是不正确的。

A．数据库避免了一切数据的重复

B．若系统是完全可以控制的，则系统可确保更新时的一致性

C．数据库中的数据可以共享

D．数据库减少了数据冗余

10. _____是存储在计算机内有结构的数据的集合。

   A．数据库系统　　　　B．数据库　　　　C．数据库管理系统　　D．数据结构

11. 数据库三级模式体系结构的划分，有利于保持数据库的_____。

   A．数据独立性　　　　B．数据安全性　　　　C．结构规范化　　　　D．操作可行性

12. 数据库管理系统（DBMS）是_____。

   A．计算机上的数据库系统　　　　　　　　B．计算机语言

   C．用于数据管理的软件系统　　　　　　　D．计算机应用程序

13. 数据库管理系统通常提供授权功能来控制不同用户访问数据的权限，这主要是为了实现数据库的_____。

   A．可靠性　　　　　　B．一致性　　　　　　C．完整性　　　　　　D．安全性

14. 数据库管理系统中用于定义和描述数据库逻辑结构的语言称为_____。

   A．数据库模式描述语言（DDL）　　　　　B．数据库子语言（SubDL）

   C．数据操纵语言（DML）　　　　　　　　D．数据结构语言

15. 在数据库的三级模式结构中，描述数据库中全体逻辑结构和特性的是_____。

   A．外模式　　　　　　B．内模式　　　　　　C．存储模式　　　　　D．模式

16. 通过指针链接来表示和实现实体之间联系的模型是_____。

   A．关系模型　　　　　B．层次模型　　　　　C．网状模型　　　　　D．层次和网状模型

17. 层次模型不能直接表示_____。

   A．1：1关系　　　　　B．1：m关系　　　　　C．m：n关系　　　　　D．1：1和1：m关系

18. 关系数据模型_____。

   A．只能表示实体间的1：1联系　　　　　　B．只能表示实体间的1：n联系

   C．只能表示实体间的m：n联系　　　　　　D．可以表示实体间的上述三种联系

19. 在数据库设计中用关系模型来表示实体和实体之间的联系。关系模型的结构是_____。

   A．层次结构　　　　　B．二维表结构　　　　C．网状结构　　　　　D．封装结构

20. 子模式是_____。

   A．模式的副本　　　　B．内模式　　　　　　C．多个模式的集合　　D．以上三者都对

21. Visual FoxPro 关系数据库管理系统能够实现的三种基本关系运算是_____。

   A．索引、排序、查找　　　　　　　　　　B．建库、录入、排序

   C．选择、投影、连接　　　　　　　　　　D．显示、统计、复制

22. 数据处理是将_____转换为_____的过程。

   A．数据、信息　　　B．信息、数据　　　C．数据、数据库　　　D．信息、文件

23. 下列不属于文件系统特点的项是_____。

   A．文件内部的数据有结构　　　　　　　　B．数据可为特定用户专用

   C．数据结构和应用程序相互依赖　　　　　D．减少和控制了数据冗余

24. 按照传统的数据模型分类，数据库可分为三种类型_____。

   A．大型、中型和小型　　　　　　　　　　B．西文、中文和兼容

C. 层次、网状和关系 D. 数据、图形和多媒体

25. DBAS 指的是_____。

    A. 数据库管理系统 B. 数据库系统

    C. 数据库应用系统 D. 数据库服务系统

26. 概念模型独立于_____。

    A. E-R 模型 B. 硬件设备和 DBMS

    C. 操作系统和 DBMS D. DBMS

27. 为了使用户使用数据库更方便,常常把数据库管理系统提供的数据操作语言嵌入到某一高级语言中,此高级语言称为_____。

    A. 查询语言 B. 宿主语言 C. 自含语言 D. 会话语言

28. 关系数据库的数据语言是_____的语言,其核心部分为查询,因此又称为查询语言。

    A. 过程化 B. 非过程化 C. 宿主 D. 系列化

29. 用二维表数据来表示实体之间联系的模型叫做_____。

    A. 网状模型 B. 层次模型 C. 关系模型 D. 实体-联系模型

30. 数据库的三级模式体系结构的划分,有利于保持数据库的_____。

    A. 数据独立性 B. 数据安全性 C. 结构规范化 D. 操作可行性

31. 下列说法中,数据库系统的特点不包括_____。

    A. 数据一致性 B. 数据共享

    C. 使用专用文件 D. 具有数据的安全与完整性保障

32. Visual FoxPro 是一种关系型的数据库管理系统,所谓关系是指_____。

    A. 表中各条记录彼此有一定的关系 B. 表中各个字段彼此有一定的关系

    C. 一个表与另外一个表之间有一定的关系 D. 数据模型符合满足一定条件的二维表格式

33. 存储在计算机内有结构的相关数据的集合称为_____。

    A. 数据库 B. 数据库系统 C. 数据库管理系统 D. 数据结构

34. Visual FoxPro6.0 数据库系统是_____。

    A. 网络 B. 层次 C. 关系 D. 链状

35. 在概念模型中,一个实体相对于关系数据库中一个关系中的一个_____。

    A. 属性 B. 元组 C. 列 D. 字段

36. 关系数据库系统中所使用的数据结构是_____。

    A. 树 B. 图 C. 表格 D. 二维表格

37. 把各个数据库文件联系起来构成一个统一的整体,在数据库系统中需要采用一定的_____。

    A. 操作系统 B. 文件系统 C. 文件结构 D. 数据结构

38. 数据库系统的构成为:计算机硬件系统、计算机软件系统、数据、用户和_____。

    A. 操作系统 B. 文件系统 C. 数据集合 D. 数据库管理人员

39. 用于实现数据库各种数据操作的软件是_____。

    A. 数据软件 B. 操作系统 C. 数据库管理系统 D. 编译程序

40. 数据库 DB、数据库系统 DBS 和数据库管理系统 DBMS 的关系是_____。

    A. DBMS 包括 DB 和 DBS B. DBS 包括 DB 和 DBMS

    C. DB 包括 DBS 和 DBMS D. DB、DBS 和 DBMS 是平等关系

41. 关系型数据库采用_____表示实体和实体间的联系。

A. 对象　　　　　　　B. 字段　　　　　　　C. 二维表　　　　　　　D. 表单

42. 一个表的主关键字被包含到另一个表中时，在另一个表中称这些字段为_____。

　　A. 外关键字　　　　　B. 主关键字　　　　　C. 超关键字　　　　　D. 候选关键字

43. 由计算机、操作系统、DBMS、数据库、应用程序等组成的整体称为_____。

　　A. 数据库系统　　　　B. 数据库管理系统　　C. 文件系统　　　　　D. 软件系统

44. 项目管理器的功能是组织和管理与项目有关的各种类型的_____。

　　A. 文件　　　　　　　B. 字段　　　　　　　C. 程序　　　　　　　D. 数据

45. 下列说法中，不正确的是_____。

　　A. 二维表中的每一列均有唯一的字段名

　　B. 二维表中不允许出现完全相同的两行

　　C. 二维表中行的顺序、列的顺序均可以任意交换

　　D. 二维表中行的顺序、列的顺序不可以任意交换

46. 在关系模型中，如果一个属性或属性集的值能唯一标识一个关系元组，又不含有多余的属性值，则称为_____。

　　A. 字段名　　　　　　B. 数据项名　　　　　C. 属性名　　　　　　D. 关键字

47. 在关系理论中称为"元组"的概念，在关系数据库中称为_____。

　　A. 实体　　　　　　　B. 记录　　　　　　　C. 行　　　　　　　　D. 字段

48. 实体是信息世界中的术语，与之对应的数据库术语为_____。

　　A. 文件　　　　　　　B. 数据库　　　　　　C. 字段　　　　　　　D. 记录

49. VFP 是一种_____模型的数据库管理系统。

　　A. 层次　　　　　　　B. 网络　　　　　　　C. 对象　　　　　　　D. 关系

50. 数据库管理系统是_____。

　　A. 教学软件　　　　　B. 应用软件　　　　　C. 计算机辅助设计软件　D. 系统软件

51. Visual FoxPro 6.0 通过哪些工具提供了简便、快速的开发方法_____。

　　A. 向导和设计器　　　B. 向导和生成器　　　C. 设计器和生成器　　D. 以上全部

52. 运行 Visual FoxPro 6.0 对 CPU 的最低要求是_____。

　　A. 386/40　　　　　　B. 486/66　　　　　　C. 586/100　　　　　　D. 686/400

53. Visual FoxPro 的典型安装约需要硬盘硬盘空间_____。

　　A. 500M　　　　　　 B. 190M　　　　　　 C. 85M　　　　　　　 D. 15M

54. 在 Visual FoxPro 6.0 中，一个项目可以创建_____。

　　A. 一个项目文件，集中管理数据和程序　　　B. 两个项目文件，分别管理数据和程序

　　C. 多个项目文件，根据需要设置　　　　　　D. 以上几种说法都不对

55. 项目管理器中包括的选项卡有_____。

　　A. 数据、菜单和文档　　　　　　　　　　　B. 数据、其他和文档

　　C. 数据、表单和类　　　　　　　　　　　　D. 数据、表单和报表

56. 运行 Visual FoxPro 6.0 对内存的最低要求是_____。

　　A. 64M　　　　　　　B. 32M　　　　　　　C. 16M　　　　　　　D. 8M

57. Visual FoxPro 6.0 的完全安装约需要硬盘空间_____。

　　A. 500M　　　　　　 B. 198M　　　　　　 C. 85M　　　　　　　 D. 15M

58. Visual FoxPro 6.0 主界面的命令窗口_____。

A. 可以移动位置　　　B. 可以改变大小　　　C. 可以隐藏　　　D. 以上都可以

59. Visual FoxPro 6.0 创建项目的命令是_____。

　　A. CREATE PROJECT　　B. CREATE ITEM　　C. NEW ITEM　　D. NEW PROJECT

60. 项目管理器中的"运行"按钮可以运行_____。

　　A. 查询　　　　　　　B. 程序　　　　　　　C. 表单　　　　　　D. 以上完全都可以

61. 执行命令 Set Clock On，在_____中打开时钟。

　　A. 任务栏　　　　　　B. 状态栏　　　　　　C. 主窗口　　　　　D. 命令窗口

62. 单击"工具"菜单→"选项"，在选项对话框的"文件位置"选项卡可以设置_____。

　　A. 日期和时间的显示格式　　　　　　　　B. 表单的默认大小

　　C. 程序代码的颜色　　　　　　　　　　　D. 默认目录

63. VFP 系统默认允许使用_____个内存变量，最多允许使用_____个内存变量。

　　A. 512　　　　　B. 1024　　　　　C. 2048　　　　　D. 6500

　　E. 65000

64. 表示对象之间隶属关系所用的符号是_____。

　　A. 分号　　　　　　　B. 空格　　　　　　　C. 圆点　　　　　　D. 逗号

65. 退出 VFP 系统在命令窗口执行_____命令。

　　A. Exit　　　　　　　B. Ctrl+W　　　　　　C. Ctrl+Q　　　　　D. Quit

66. 项目管理器中的"关闭"按钮用于_____。

　　A. 关闭项目管理器　　　　　　　　　　　B. 关闭 Visual FoxPro

　　C. 关闭数据库　　　　　　　　　　　　　D. 关闭设计

67. 使用_____命令可将 VFP 主窗口的背景设置为红色。

　　A. _Screen.BackColor=RGB（255,0,0）　　　B. _Screen.Back=RGB（255,0,0）

　　C. _Back.Color=RGB（255,0,0）　　　　　　D. Screen.BackColor=RGB（255,0,0）

68. 使用_____命令可将 VFP 主窗口的标题设为"登录界面"。

　　A. VFP.Title="登录界面"　　　　　　　　B. Window.Caption="登录界面"

　　C. MainWindow.Title="登录界面"　　　　　D. _Screen.Caption="登录界面"

69. 使用_____命令可将 VFP 主窗口前景（即字符）的颜色设置为蓝色。

　　A. _Character.Color=RGB（0,0,255）　　　　B. _Screen.ForeColor=RGB（0,0,255）

　　C. Window.ForeColor=RGB（0,0,255）　　　　D. Fore.Color=RGB（0,0,255）

70. 下列关于工具栏的叙述错误的是_____。

　　A. 可以创建用户自己的工具栏　　　　　　B. 可以删除用户创建的工具栏

　　C. 可以修改系统提供的工具栏　　　　　　D. 可以删除系统提供的工具栏

71. 向项目中添加表单，使用项目管理器的_____选项卡。

　　A. "代码"　　　　　B. "类"　　　　　C. "数据"　　　　　D. "文档"

72. 通过项目管理器窗口的命令按钮，不能完成的操作是_____。

　　A. 运行文件　　　　　B. 添加文件　　　　　C. 重命名文件　　　　D. 连编文件

73. 通过 _Screen 的_____属性可以设置 VFP 主窗口的背景颜色。

　　A. BackColor　　　　B. Back　　　　　C. BackStyle　　　　D. SetBackColor

74. 将 VFP 主窗口中的字体改成"黑体"，用_____命令；将字号改成 11，用_____命令。

　　A. _Screen.Caption="黑体"　　　　　　　B. _Screen.Caption=11

C. _Screen.FontName="黑体" D. _Screen.FontName=11

E. _Screen.FontSize="黑体" F. _Screen.FontSize=11

二、填空题

1. 数据库管理系统包含的主要程序有_____、_____和_____。

2. 数据库语言包括_____和_____两大部分，前者负责描述和定义数据库的各种特性，后者用于说明对数据进行各种操作。

3. 开发、管理和使用数据库的人员主要有_____、_____、_____和最终用户四类相关人员。

4. 由_____负责全面管理和控制数据库系统。

5. 指出下列英文缩写的含义。

(1) DML_____ (2) DBMS_____ (3) DDL_____ (4) DBS_____ (5) SQL_____

(6) DB_____ (7) DD_____ (8) DBA_____ (9) SDDL_____ (10) PDDL_____

6. 经过处理和加工提炼而用于决策或其他应用活动的数据称为_____。

7. 数据管理技术经历了_____、_____和_____三个阶段。

8. 数据库是长期存储在计算机内，有_____的、可_____的数据集合。

9. DBMS 管理的是_____的数据。

10. 数据库管理系统的主要功能是_____、_____数据库的运行管理和数据库的建立以及维护等 4 个方面。

11. 根据数据模型的应用目的不同，数据模型分为_____和_____。

12. 数据模型是由_____、_____和_____三部分组成的。

13. 按照数据结构的类型来命名，数据模型分为_____、_____和_____。

14. _____是对数据系统的静态特性的描述，_____是对数据库系统的动态特性的描述。

15. 以子模式为框架的数据库是_____；以模式为框架的数据库是_____；以物理模式为框架的数据库是_____。

16. 数据库系统与文件系统的本质区别是_____。

17. 数据独立性是指_____是相互独立的。

18. 数据独立性又可分为_____和_____。

19. 当数据的物理存储改变了，应用程序不变，而由 DBMS 处理这种改变，这是指数据的_____。

20. 数据模型质量的高低不会影响数据库性能的好坏，这句话正确否？_____。

21. 数据库应用系统的设计应该具有对于数据进行收集、存储、加工、抽取和传播等功能，即包括数据设计和处理设计，而_____是系统设计的基础和核心。

22. 在数据库体系结构中，数据库存储的改变会引起内模式的改变。为使数据库的模式保持不变，从而不必修改应用程序，必须通过改变模式与内模式之间的映像来实现。这样，使数据库具有_____。

23. 网状、层次数据模型与关系数据模型的最大区别在于表示和实现实体之间的联系的方法：网状、层次数据模型是通过指针链，而关系数据模型是使用_____。

24. 数据库(Data Base)是指在计算机存储设备上合理存放的_____的相关_____。

25. 常用的数据模型有_____种。

26. 层次数据模型中，只有一个结点，无父结点，它称为_____。

27. 层次模型是一个以记录类型为结点的有向树，这句话正确否？_____。

28. 层次模型中，根结点以外的结点至多可以有_____个父结点。

29. 关系模型是将数据之间的关系看成是网络关系，这句话正确否？_____。

30. 数据管理技术随着计算机技术的发展而发展，一般可以分为如下几个阶段：人工管理阶段、文件管理阶段、文件系统阶段、_____和高级数据库技术阶段。

31. 要想改变关系中属性的排列顺序，应使用关系运算中的_____运算。

32. 关系的直观解释是_____，在 Visual FoxPro 中称关系为_____。

33. 数据库系统的核心是_____。

34. 分布式数据库是把数据分散存储在网络的多个结点上，各个结点的计算机可以利用_____访问其他结点上的数据库资源。

35. 在关系数据库的基本操作中，从表中选出满足条件的元组的操作称为_____；从表中抽取属性值满足条件的列的操作称为_____；把两个关系中相同属性的元组连接在一起构成新的二维表的操作称为_____。

36. 开发一个关系数据库应用系统，首选要建立_____。它是由若干个_____组成的。

37. 关系数据库是采用_____作为数据的组织方式。

38. 数据是信息的表现_____。

39. 数据库应用系统是在_____支持下运行的计算机应用系统，简称为_____。

40. 为了更方便地使用数据库，常常把数据库管理系统提供的数据操作语言嵌入到某一高级语言中，此高级语言则被称为_____。

41. 关系代数运算中，专门的关系运算有_____、_____、和_____。

42. 相对于其他数据管理技术，数据库系统具有_____、减少数据冗余、_____、_____的特点。

43. 层次模型中，根结点以外的结点至多可有_____个父结点。

44. 数据描述语言的作用是_____。

45. 同一属性在不同关系中都有值的对应关系，若关系仅有一个外关键字 F 对应关系 S，则 F 必须是 S 中存在的值，或是空值。这是针对不同关系之间或同一关系的不同元组间的约束称为_____。

46. 关系数据库中每个关系的形式是_____。

47. 用二维表数据来表示实体之间联系的模型叫做_____。

48. _____语言是关系型数据库的标准语言。

49. 数据库系统不仅可以表示事物内部各数据项之间的联系，而且可以表示_____之间的联系。

50. 在关系模式中，概念模型是_____的集合，外模式是_____的集合，内模式是_____的集合。

51. 把关系看成是一个集合，则集合中的元素是_____，并且每个元素的_____应该相同。

52. 在关系对应的二维表中，行对应_____，列对应_____。

53. 一个数据库分布在若干台计算机中称之为_____数据库。

54. 采用了数据库技术完整的计算机系统称为_____。它通常包括_____、_____、_____和_____五大部分。

55. _____和_____是关系数据操作语言的基础。

56. 在一个实体表示的信息中，称_____为关键字。

57. 对关系进行选择、投影或连接运算之后，运算的结果仍然是一个_____。

58. 数据库设计的几个步骤是_____、_____、_____、_____。

59. 数据库的设计分为_____设计和_____设计。

60. 一个关系模式的定义主要包括_____、_____、_____、_____和_____。

61. 实体与实体之间联系的方式有_____、_____、_____三种联系。

62. 单值属性是_____，多值属性是_____。

63、属性是_____，属性域是_____。

64. 实体是_____，实体集是_____。

65. 用二维表的形式来表示实体之间联系的数据模型叫做_____。

66. 在关系 A(S, SN, D) 和 B(D, CN, NM) 中，A 的主关键字 S，B 的主关键字是 D，则 D 在 S 中称为_____。

67. 传统的集合"并、交、差"施加于两个关系的时候，这两个关系的_____必须相等，_____必须取自同一个域。

68. 数据库中的数据是有结构的，这种结构是由数据库管理系统所支持的_____表现出来的。

69. 关系数据库中任何检索操作的实现都是由_____、_____和_____三种基本操作组合而成。

70. 联系是_____。

71. 数据处理是对各种类型的数据进行_____、_____、分类、计算、加工、检索和传输的过程。

72. 数据库一般要求有最小的冗余度，是指数据尽可能_____。数据库的资源_____性，即数据库以最优的方式服务于一个或多个应用程序。据库的数据_____性，即数据的存储尽可能独立于使用它的应用程序。

73. 英文缩写'DBMS'的中文含义是_____。DBMS 主要由_____、存储管理器和事务管理器三部分组成。

74. 一张表的主关键字被包含到另一张表中时，在另一张表中称这些字段为_____。

75. Visual FoxPro 6.0 的程序可执行文件名是_____。

76. 关系是具有相同性质的_____的集合。

77. 关系数据库是采用_____作为数据的组织方式。

78. 目前较为流行的一种信息模型设计方法称为 E-R 方法，E-R 方法的中文含义为_____。

79. 打开项目的命令是_____。

80. 数据的独立性是指数据和_____之间相互独立。

81. 对 VFP 系统环境所做的配置，可以分为_____配置和_____配置两种。

82. 通过 VFP_____菜单→"选项"→_____选项卡可以控制是否显示时钟。

83. 在启动 VFP 时，系统自动在当前工作目录、安装 VFP 的目录和文件搜索路径中按顺序查找名为的配置文件。

84. VFP 是微型计算机上普遍使用的一种关系数据库管理系统，简称为_____。

85. VFP 将_____、结构化和_____程序设计方法结为一体。

86. Visual FoxPro 6.0 打开项目文件的命令是_____。

87. 在表单和报表设计器中使用_____定义和修改数据源。

88. 在 Visual FoxPro 6.0 主界面的工具栏中有启动表单和报表_____，直接单击它们则可以执行相应的向导。

89. 典型安装 VFP 至少需要_____MB 的剩余磁盘空间，完全安装 VFP 至少需要_____MB 的剩余磁盘空间。

90. 在运行 VFP 过程中，要想查看帮助信息，必须安装_____。并在 VFP 中配置名为_____的帮助文件。

91. 系统提供_____个工具栏，某菜单项是否显示和是否可用与系统_____有关。通过设置属性，可调整系统菜单和工具栏上文字的字体或字号。

92．调整命令窗口中字体和字号的方法是：单击_____→_____，选择"字体"和"大小"。

93．设置 Foxhelp.chm 文件，应在"选项"对话框的_____选项卡设置。

94．设置日期和时间的显示格式，应在"选项"对话框的_____选项卡设置。

95．设置 E:\VFP 是默认目录的命令是，Set_____To E:\VFP。

96．VFP 要处理的各种信息以_____形式存储于计算机中。

97．一个应用程序通常由_____和_____两种界面组成，主界面由_____和_____组成。

98．安装 VFP 系统，首先应该鼠标双击安装盘中的_____文件，在安装过程中，每步都要用鼠标单击_____按钮，为了使用 VFP 的帮助功能，还要安装_____软件；启动 VFP 系统的程序文件名为_____。

99．在 Windows 操作系统下启动 VFP 的方法之一是：单击"开始"→_____→"Microsoft Visual FoxPro 6.0"→_____。

100．VFP 有 4 种工作方式，其中_____方式属于自动化工作方式。

101．使 VFP 系统启动后自动执行一条命令或调用一个程序，应该在_____文件中设置_____项参数，要改变可使用的内存变量个数，应该设置_____项参数。

102．退出 VFP 系统，应该在程序或命令窗口中执行_____命令。

103．在 VFP 中项目文件的扩展名是_____。

104．通过 Set_____On 设置显示命令的执行状态。

三、判断题

1．数据字典属于 DBMS 的一部分。

2．在关系模型中的二维表中每一数据项不能再分。

3．在关系模型中的二维表中每一列的数据类型可以允许不同。

4．在关系模型中的二维表中的记录顺序不能任意排列。

5．在关系模型中的二维表中的字段顺序不能任意排列。

6．层次模型是数据库系统最早使用的一种模型。

7．数据库运行管理和控制例行程序不是 DBMS 的一部分。

8．从关系中选取若干属性组成新的关系的运算是选择运算。

9．计算机上存储的文字不是数据而存储的考试成绩是数据。

10．数据库系统并不一定能实现数据的结构化。

11．元组是关系中的一列。

12．List for 性别="女"是关系运算中的投影运算。

13．连接是关系运算中的一目运算。

14．VFP 中使用 Join 命令来实现连接运算。

15．关键字只能是关系中的一个属性，不能由多个属性共同构成。

16．关系数据库是由若干依照关系模型设计的二维数据库表文件的集合。

17．数据库系统的核心是 DBAS。

18．从关系中找出满足条件的记录的操作是投影运算。

19．关系数据库所使用的是层次模型。

20．关系在逻辑结构上是一个由行和列组成的二维表。

21．VFP 的命令窗口，可以输入命令，但不能改变命令的字体、字型等各项编辑工作。

22. VFP 的控制菜单具有将窗口最大化的功能。

23. 数据库是结构化的相关数据的集合。

24. 数据库管理系统与文件系统相比，优点之一是增加了数据独立性。

25. 数据库管理系统的优点之一就是消灭数据冗余。

26. VFP 数据库系统和 ORACLE 数据库系统都是关系数据库系统。

27. Visual FoxPro 中的项目管理器是所有应用程序的控制中心。

28. VFP 的菜单选项随着用户的操作可以发生变化。

第 1 章答案

一、选择题

1. C	2. C	3. D	4. C	5. D	6. A	7. B	8. A	9. A	10. B
11. A	12. C	13. D	14. A	15. D	16. D	17. C	18. D	19. B	20. B
21. C	22. A	23. D	24. C	25. C	26. B	27. B	28. B	29. C	30. A
31. C	32. D	33. A	34. C	35. B	36. D	37. D	38. D	39. C	40. D
41. C	42. A	43. A	44. A	45. D	46. D	47. C	48. D	49. D	50. D
51. D	52. B	53. C	54. A	55. B	56. C	57. B	58. D	59. A	60. D
61. C	62. D	63. BE	64. C	65. D	66. C	67. A	68. D	69. B	70. D
71. D	72. C	73. A	74. CF						

二、填空题

1. 语言翻译处理程序、系统运行控制程序、实用程序

2. 数据描述语言、数据操纵语言　　　3. 数据库管理员、系统分析员、应用程序员

4. 数据库管理员

5. 数据操纵语言、数据库管理系统、数据描述语言、数据库系统、结构化查询语言、数据库、数据字典、数据库管理员、子模式数据描述语言、物理数据描述语言

6. 信息　　　　　　　　　　　　　　7. 人工管理、文件系统、数据库系统

8. 组织、共享　　　　　　　　　　　9. 结构化

10. 数据定义功能、数据操纵功能　　　11. 概念模型、数据模型

12. 数据结构、数据操作、完整性约束　13. 层次模型、网状模型、关系模型

14. 数据结构、数据操作　　　　　　　15. 用户数据库、概念数据库、物理数据库

16. 数据库系统实现了整体数据的结构化　17. 用户的应用程序与存储在外存上的数据库中的数据

18. 逻辑数据独立性、物理数据独立性　19. 物理独立性

20. 不正确　　　　　　　　　　　　　21. 数据设计

22. 物理独立性　　　　　　　　　　　23. 关系

24. 结构化；数据集合　　　　　　　　25. 3

26. 根　　　　　　　　　　　　　　　27. 正确

28. 1　　　　　　　　　　　　　　　29. 不正确

30. 数据库系统阶段　　　　　　　　31. 投影

32. 二维表；数据库文件　　　　　　33. 数据库管理系统

34. 网络通信功能　　　　　　　　　35. 选择(或筛选　投影　连接)

36. 数据库　关系　　　　　　　　　37. 关系模型

38. 形式　　　　　　　　　　　　　39. 数据库管理系统　DBAS

40. 宿主语言　　　　　　　　　　　41. 选择　投影　连接

42. 数据共享　数据有较高的独立性　加强了数据的安全性和完整性的保护

43. 1　　　　　　　　　　　　　　44. 定义数据库

45. 参照完整性　　　　　　　　　　46. 二维表

47. 关系模型　　　　　　　　　　　48. SQL

49. 事物和事物　　　　　　　　　　50. 关系模式　关系子模式　存储模式

51. 元组、属性个数　　　　　　　　52. 元组；属性

53. 分布式

54. 数据库系统、计算机的硬件系统、软件系统、数据、数据库管理员、用户

55. 关系代数、关系运算　　　　　　56. 能唯一标识实体的属性或属性组

57. 关系

58. 需求分析、概念设计、逻辑设计、物理设计、编码和测试

59. 逻辑、物理　　　　　　　　　　60. 关系名、属性名、属性类型、属性长度、关键字

61. 一对多、多对多、一对一　　　　62. 只能有一个值的属性；可能有多个值的属性

63. 实体的某一性质、属性可能取值的集合

64. 客观存在的可以相互区别的事物、同类实体的集合

65. 关系模型或关系　　　　　　　　66. 外来键

67. 属性个数；相对应的属性值　　　68. 数据模型

69. 选择；投影；连接　　　　　　　70. 指实体之间的相互联系

71. 收集、存储　　　　　　　　　　72. 外部关键字

73. 数据库管理系统、查询管理器　　74. 不重复、共享、独立

75. VFP6.EXE　　　　　　　　　　76. 元组或记录

77. 关系模型　　　　　　　　　　　78. 答案：实体联系方法

79. MODIFY　PROJECT　　　　　　80. 应用程序

81. 永久　临时　　　　　　　　　　82. 工具　显示

83. Config.fpw　　　　　　　　　　84. VFP

85. 可视化　面向对象　　　　　　　86. MODIFY PROJECT

87. 数据环境设计器　　　　　　　　88. 向导按钮

89. 85　90　　　　　　　　　　　　90. MSDN Library Foxhelp.chm

91. 11　当前状态　Windows 桌面　　92. 格式　字体

93. 文件位置　　　　　　　　　　　94. Default

95. 区域　　　　　　　　　　　　　96. 数据库

97. 主界面　功能界面　主窗口(表单)　程序系统菜单

98. Setup.exe　下一步　MSDN　Microsoft Visual FoxPro 6.0

99. 程序　Vfp6.exe　　　　　　　　100. 编写程序

101．Config.fpw　Command　Mvcount　　102．Quit

103．PJX　　　　　　　　　　　　　　104．Talk

三、判断题

1．T　　2．T　　3．F　　4．F　　5．F　　6．T　　7．F　　8．F　　9．F　　10．F

11．F　　12．F　　13．F　　14．T　　15．F　　16．T　　17．F　　18．F　　19．F　　20．T

21．F　　22．T　　23．T　　24．F　　25．T　　26．T　　27．T　　28．T

第 2 章 VFP 程序设计基础

一、选择题

1. 在下列表达式中，_____的运算结果是逻辑型。

    A．"Visual"$"Visual FoxPro"   B．"Visual"+"FoxPro"

    C．"Visual"-"FoxPro"   D．len("Visual FoxPro")

2. 下列变量名中，正确的是_____。（必须以下划线，汉字，字母开头，后面可以跟下划线，汉字，字母和数字）

    A．VARNAME   B．VAR X1   C．VAR-X1   D．VAR+X1

3. 下列数据中，_____是字符型常量。

    A．3.1415926   B．"3.1415926"   C．"3.14"+"15926"   D．"3.14"-"15926"

4. _____函数返回字符表达式中字符的数目。

    A．TXTWIDTH()   B．SUBSTR()   C．STR()   D．LEN()

5. 下列数据中，_____是日期型常量。

    A．{^2005/01/01}   B．"2005/01/01"   C．2005/01/01   D．2005-01-01

6. 下列变量名中，正确的是_____。

    A．*VAR1   B．NAME   C．VAR-X1   D．VAR+X1

7. 在下列表达式中，_____的运算结果是日期型。

    A．"年龄:"+STR(20,2,0)   B．"出生日期:"+DTOC(出生日期)

    C．DATE()-{^2000/01/01}   D．{^2000/01/01}+365

8. _____函数，显示一个用户自定义对话框。

    A．MESSAGEBOX() B．WINDOWS()   C．CONTROLBOX() D．TEXTBOX()

9. 在下面的数据类型中默认为.F.的是_____。

    A．数值型   B．字符型   C．逻辑型   D．日期型

10. 下列数据中，_____是日期型常量。

    A．2002/05/01   B．"2002/05/01"   C．"2002-05-01"   D．{^2002/05/01}

11. 函数 DAY(07/29/97)的返回值是_____。

    A．7   B．0   C．计算机日期   D．出错信息

12. 条件函数 IIF(MOD(15,-8)>3,10,-10)的结果为_____。

    A．10   B．-10   C．-1   D．7

13. 如果变量 D="08/13/98"，命令?TYPE("&D")的结果为_____。

    A．D   B．N   C．C   D．出错信息

14. 下列属于内存变量文件的扩展名是_____。

    A．.TXT   B．.FPT   C．.DBF   D．.MEM

15. 数据表文件中的字段是一种_____。

    A．常量   B．变量   C．函数   D．运算符

16. 一个数据表文件的数值型字段要求保留 5 位小数，那么它的宽度最少应当定义成_____。

    A. 5 位   B. 6 位   C. 7 位   D. 8 位

17. 将逻辑值赋给内存变量 LZ 的正确方法是_____。

    A. LZ=".T."   B. STORE "T" TO LZ

    C. LZ=TRUE   D. STORE .T. TO LZ

18. 执行命令 INPUT "请输入出生日期:" TO MDATE 时，如果通过键盘输入 CTOD("01/01/88") 则内存变量 MDATE 的值应当是_____。

    A. CTOD("01/01/88")   B. "01/01/88"

    C. 日期值 01/01/88   D. 拒绝接收，MDATE 不赋值

19. 下列数据中，_____是逻辑型常量。

    A. .T.   B. OR   C. AND   D. NOT

20. 下列变量名中，正确的是_____。

    A. 1+X/Y   B. _TEXT   C. 89TWDDFF   D. INT(3.14)

21. 下列变量名中，正确的是_____。

    A. _SCREEN   B. VAR X1   C. VAR-X1   D. VAR*X1

22. 在下列表达式中，_____的运算结果是数值型。

    A. 2*3^2+2*8/4+3^2   B. "年龄:"+str(20,2,0)

    C. {^2002/05/01}+30   D. (1+y/x)>(1−y/x)

23. _____函数，从指定的日期表达式或日期时间表达式中返回年份。

    A. YEAR()   B. MONTH()   C. DAY()   D. TIME()

24. 下列数据为常量的是_____。

    A. 02/18/99   B. F   C. .N.   D. TOP

25. 下述字符串表示方法正确的是_____。

    A. ""等级考试""   B. ['等级考试]   C. {"等级考试"}   D. [[等级考试]]

26. 执行命令 STORE CTOD([08/11/99]) TO AA 后，变量 AA 的数据类型是_____。

    A. 日期型   B. 数值型   C. 字符型   D. 浮点型

27. 设 L=668，M=537，N="L+M"，表达式 5+&N 的值是_____。

    A. 类型不匹配   B. 5+L+M   C. 1210   D. 5+&N

28. 下列函数中，函数值为数值型数据的是_____。

    A. CTOD(01/11/99)   B. SUBSTR(DTOC(DATE()),7)

    C. SPACE(3)   D. YEAR(DATE())

29. 顺序执行下列命令之后，屏幕显示的结果是_____。

    STORE "Visual FoxPro" TO TT

    ? UPPER(RIGHT(TT, 3))

    A. VISUAL FOXPRO   B. PRO

    C. Pro   D. VIS

30. 执行以下命令_____。

    M="THIS IS AN APPLE"

    ? SUBSTR(M, INT(LEN(M)/2+1), 2)

    A. TH   B. IS   C. AN   D. AP

31. 在下列表达式中，_____的运算结果是日期型。

    A．{^2002/01/01}-365   B．YEAR（DATE（））-2000

    C．DATE（）-{^2002/05/01}   D．DATE（）>{^2002/05/01}

32. 取整函数为_____。

    A．MOD（）   B．INT（）   C．ROUND（）   D．ABS（）

33. 下列数据中，_____是日期型常量。

    A．{^2005/01/01}   B．"2005/01/01"   C．2005/01/01   D．2005-01-01

34. 下列变量名中，正确的是_____。

    A．*VAR1   B．NAME   C．VAR-X1   D．VAR+X1

35. 在下列表达式中，_____的运算结果是日期型。

    A．"年龄:"+STR（20,2,0）   B．"出生日期:"+DTOC（出生日期）

    C．DATE（）-{^2000/01/01}   D．{^2000/01/01}+365

36. _____函数，显示一个用户自定义对话框。

    A．MESSAGEBOX（)   B．WINDOWS（）   C．CONTROLBOX（）   D．TEXTBOX（）

37. 下列数据中，_____是数值型常量。

    A．3.1415926   B．"3.1415926"

    C．ROUND（3.1415926,2）   D．INT（3.1415926）

38. 下列变量名中，正确的是_____。

    A．89TWDDFF   B．VNAME   C．VAR-X1   D．VAR+X1

39. 在下列表达式中，_____的运算结果是数值型。

    A．"Visual "+"FoxPro"   B．"Visual "-"FoxPro"

    C．len（"Visual FoxPro"）   D．"Visual"$"Visual FoxPro"

40. 返回一个0～1之间的随机数函数为_____。

    A．RAND（）   B．RAD（）   C．ROUND（）   D．ABS（）

41. 下列数据中，_____是逻辑型常量。

    A．BOF   B．EOF   C．.T.   D．.NOT..F.

42. 下列变量名中，正确的是_____。

    A．'Windows'   B．_Windows   C．VAL（"3.14"）   D．VAR X1

43. 在下列表达式中，_____的运算结果是日期型。

    A．{^2002/05/01}+30   B．"出生日期:"+DTOC（出生日期）

    C．DATE（）-{^2002/05/01}   D．(1+y/x)>(1−y/x)

44. _____函数，返回一个0到1之间的随机数。

    A．RND（）   B．RAND（）   C．ROUND（）   D．EXP（）

45. 下列数据中，_____是字符型常量。

    A．StrLen   B．"StrLen"   C．"Str"+"Len"   D．"Str"-"Len"

46. 下列变量名中，正确的是_____。

    A．XYZ   B．1+X/Y   C．X%Y   D．pi=3.14

47. 在下列表达式中，_____的运算结果是数值型。

    A．(1+y/x)>(1−y/x)   B．"出生日期:"+DTOC（出生日期）

    C．DATE（）-{^2000/01/01}   D．{^2000/00/01}+365

48. _____函数，返回指定数值表达式的平方根。

    A. LEN()   B. EXP()   C. STR()   D. SQRT()

49. 在 Visual FoxPro 中，表结构中的逻辑型、通用型、日期型的宽度由系统自动给出，它们分别为_____。

    A. 1,4,8   B. 4,4,10   C. 1,10,8   D. 2,8,8

50. 在 Visual FoxPro 中，下面 4 个关于日期或日期时间的表达式中，错误的是_____。

    A. DATETIME()-{^2005.09.01 11:10:10AM}   B. {^2005/01/01}+20

    C. {^2005.02.01}+{^2004.02.01}   D. {^2005/02/01}-{^2004/02/01}

51. 下列数据中，_____是字符型常量。

    A. String   B. "String"   C. "Str"+"ing"   D. "Str"-"ing"

52. 下列变量名中，正确的是_____。

    A. 89TWDDFF   B. 1+X/Y   C. INT(3.14)   D. XYZ

53. 在下列表达式中，_____的运算结果是字符型。

    A. "Visual "+"FoxPro"   B. "Visual ">"FoxPro"

    C. len("Visual FoxPro")   D. "Visual"$"Visual FoxPro"

54. 取子字符串函数为_____。

    A. STR()   B. STRSUB()   C. STUFF()   D. SUBSTR()

55. 下列数据中，_____是字符型常量。

    A. StrLen   B. "StrLen"   C. "Str"+"Len"   D. "Str"-"Len"

56. 下列变量名中，正确的是_____。

    A. XYZ   B. 1+X/Y   C. X%Y   D. pi=3.14

57. 在下列表达式中，_____的运算结果是数值型。

    A. (1+y/x)>(1-y/x)   B. "出生日期:"+DTOC(出生日期)

    C. DATE()-{^2000/01/01}   D. {^2000/00/01}+365

58. _____函数，返回指定数值表达式的平方根。

    A. LEN()   B. EXP()   C. STR()   D. SQRT()

59. 在 Visual FoxPro 中，表结构中的逻辑型、通用型、日期型的宽度由系统自动给出，它们分别为_____。

    A. 1,4,8   B. 4,4,10   C. 1,10,8   D. 2,8,8

60. 在 Visual FoxPro 中，下面 4 个关于日期或日期时间的表达式中，错误的是_____。

    A. DATETIME()-{^2005.09.01 11:10:10AM}   B. {^2005/01/01}+20

    C. {^2005.02.01}+{^2004.02.01}   D. {^2005/02/01}-{^2004/02/01}

61. 下列数据中，_____是字符型常量。

    A. String   B. "String"   C. "Str"+"ing"   D. "Str"-"ing"

62. 下列变量名中，正确的是_____。

    A. 89TWDDFF   B. 1+X/Y   C. INT(3.14)   D. XYZ

63. 在下列表达式中，_____的运算结果是字符型。

    A. "Visual "+"FoxPro"   B. "Visual ">"FoxPro"

    C. len("Visual FoxPro")   D. "Visual"$"Visual FoxPro"

64. 取子字符串函数为_____。

A. STR() B. STRSUB() C. STUFF() D. SUBSTR()

二、填空题

1. VFP 中的数值数据在内存中占_____个字节，能表示最大_____位数据。

2. 若 date() 值为 09/20/2008，则执行命令? date()+5 的显示结果为_____。

3. VFP 中的内存变量分为：数组变量和_____。

4. 执行命令? round(pi()*100,0) 的显示结果为_____。

5. 在 VFP 中，内存变量名由字母、汉字、数字和_____组成，且不能以_____开头。

6. 内存变量保存在_____中，变量的数据类型由赋值时表达式的_____决定。退出 VFP 时，内存变量将被_____。

7. 执行命令?type(time()) 的显示结果为_____，执行命令?vartype() 的显示结果为_____。

8. 执行命令?empty("") 的显示结果为_____。

9. 若当前分别有一个字段变量和一个内存变量同名都是"XM"，则直接引用"XM"是指_____变量。

10. 对应数学式 $10\div(2X^2+6X-3)+e^4$ 的 VFP 表达式为_____。

11. 函数 Len('学习"VFP6.0"') 的值是_____。

12. Left("123456",Len("程序")) 的计算结果是_____。

13. Str(1234.5678,7,3) 的结果是_____。

14. 表达式"World Wide Wed"$"World"的值是_____。

15. VFP 规定只有_____数据类型的数据(除日期和数值型外)才能进行运算。

16. 与数学式"X≤Y<Z"对应的 VFP 表达式是：_____。

17. 逻辑型常数有_____和_____两种值。

18. VFP 中 Not、And 和 Or 运算符的优先级从高到低依次为_____、_____、_____。

19. 在关系、逻辑和数值运算中，运算优先级由高到低依次是_____、_____和_____。

20. 表达式 1-8>7.Or."a"+"b"$"123abc123"的运算结果为_____。

21. 命令 ?Vartype(Time()) 的输出结果是_____。

22. 设 X='2008/10/01'。函数 Vartype(&X) 的值是_____；函数 Vartype("&X") 的值是_____；Type("&X") 的值是_____。

23. 若 a=5,b="a<10"，则：?Type(b) 的输出结果是_____,?Vartype(b) 的输出结果为_____,?Vartype(&b) 的输出结果为_____。

24. 执行命令 Dime array(3,3) 后，array(3,3) 的值为_____。

25. 使用_____命令，可以把以 X 开头的所有内存变量都存入磁盘文件 A.MEM 中。

26. 可同时对多个变量赋值的赋值语句是_____。

27. 不能用赋值语句赋值的变量是_____。

28. 执行命令 Dime array1(3,3)，array1=1 后，array1(3,3) 的值为_____。

29. 函数中函数参数不能用括号括起来的函数是_____。

30. 在 Set Collate To "stroke"设置下，命令 ?max("美国","中国","俄国") 结果为_____。在 Set Collate To "pinyin"设置下，命令 ?max("美国","中国","俄国") 结果为_____。

三、判断题

1. LIST MEMO 和 DISP MEMO 使用时没有区别。

2. 数组是有特定结构的内存变量的集合。

3. ?"abc"$"abcdef"的结果为.T.。

4. ?"ABC" $"abcdef"的结果为.T.。

5. ?SUBS("四川省成都市",7,4)的结果是:"成都"。

6. 同一数组的变量元素可以是不同类型的变量。

7. 在 VFP 中变量命名不能以汉字开头。

8. "数据库"不是合法的变量名,"DB"是合法的变量名。

9. 日期型变量的宽度默认为 8 位。

10. 数组是有特定结构的内存常量的集合。

11. 123+&(y)是合法的表达式。

12. min()函数只能求数值型变量最小值。

13. ?mod(10,3)输出结果为 1。

14. Int(28.76)和 round(28.76,0)所得到结果相同。

15. len("中国人民")值为 4。

16. ?dow()显示今天的英文星期。

17. ?len(str(26.57))输出 5。

18. a="123",?type(a)显示 N。

19. 在 VFP 中输入日期型常量,只能用严格的日期格式。

20. 在 VFP 中输入逻辑型常量,也可使用.Y.和.N.。

21. 学生_1 是合法变量名。

22. ?"a"显示变量 a 的值。

23. 在给数组 a(7,8)赋值后,?a(3,3)和?a(27)输出结果相同。

24. ?LEN("FOX"+SPACE(3)-"PRO")值为 6。

25. 在默认日期格式下,CTOD('04/02/01')表示 2004 年 2 月 1 日。

26. DTOC('11/21/04')是正确的日期表示方法。

27. ?命令直接从光标所在位置开始显示,??命令先换行后显示。

第 2 章答案

一、选择题

1. A	2. A	3. B	4. D	5. A	6. B	7. D	8. A	9. C	10. D
11. D	12. B	13. B	14. D	15. B	16. C	17. D	18. D	19. A	20. B
21. A	22. A	23. A	24. C	25. B	26. A	27. C	28. D	29. B	30. C
31. A	32. B	33. A	34. B	35. D	36. A	37. A	38. B	39. C	40. A
41. C	42. B	43. A	44. B	45. B	46. A	47. C	48. D	49. A	50. C
51. B	52. D	53. A	54. D	55. B	56. A	57. C	58. D	59. A	60. C
61. B	62. D	63. A	64. D						

二、填空题

1. 8　20
2. 09/25/2008
3. 简单变量
4. 314
5. 下划线　数字
6. 内存　数据类型　清除
7. C　time()　U
8. .T.
9. 字段
10. 10/(2*X**2+6*X-3)+EXP(4)
11. 12
12. 1234
13. 1234.57
14. .F.
15. 相同
16. X<=Y And Y<Z
17. .T.　.F.
18. Not　And　OR
19. 数值　关系　逻辑
20. .T.
21. C
22. N　C　N
23. L　C　L
24. .F.
25. Save To A All Like X*
26. Store <表达式> TO <内存变量名表>
27. 中国
28. 1
29. 宏替换函数
30. 美国　字段变量

三、判断题

1. F　　2. T　　3. T　　4. F　　5. T　　6. T　　7. F　　8. F　　9. T　　10. F
11. F　　12. F　　13. F　　14. F　　15. F　　16. F　　17. F　　18. T　　19. F　　20. T
21. T　　22. F　　23. T　　24. F　　25. F　　26. F　　27. F

第 3 章　项目管理器、数据库及表的创建与操作

一、选择题

1. 下列_____组文件扩展名不全是 Visual FoxPro 6.0 系统常见的扩展名。

    A．dbf、fmt、lbt   B．h、exe、avi   C．vcx、vct、win   D．mnt、scx、prg

2. 下面定制项目管理器的叙述，不正确的是_____。

    A．用户可以改变项目管理器的大小和位置

    B．用户可以折叠和拆分项目管理器

    C．必须折叠项目管理器后，才能停放项目管理器

    D．用户可以停放和顶层显示项目管理器

3. 在 Visual FoxPro 中，创建一个名为 SDB.DBC 的数据库文件，使用的命令是_____。

    A．CREATE   B．CREATE SDB

    C．CREATE TABLE SDB   D．CREATE DATABASE SDB

4. 一数据库名为 student，要想打开该数据库，应使用的命令_____。

    A．OPEN student   B．OPEN DATABASE student

    C．USE student   D．USE DATABASE student

5. 打开 Visual FoxPro "项目管理器"的"文档"(Docs)选项卡，其中包含_____。

    A．表单(Form)文件   B．报表(Report)文件   C．标签(Label)文件   D．以上三种文件

6. 打开"项目管理器"的"数据"选项卡，其中包括_____。

    A．数据库   B．自由表   C．查询   D．以上都有

7. 打开一个已存在项目的命令是_____。

    A．Modify Command   B．Modify   C．Modify Project   D．Create Command

8. 把一个项目编译成一个应用程序时，下面的叙述正确的是_____。

    A．所有的项目文件将组合为一个单一的应用程序文件

    B．所有项目的包含文件将组合为一个单一的应用程序文件

    C．所有项目排除的文件将组合为一个单一的应用程序文件

    D．由用户选定的项目文件将组合为一个单一的应用程序文件

9. 在"选项"对话框的"文件位置"选项卡中可以设置_____。

    A．表单的默认大小   B．默认目录

    C．日期和时间的显示格式   D．程序代码的颜色

10. 将项目文件中的数据库移出后，该数据库被_____。

    A．移出项目   B．逻辑删除   C．放入回收站   D．物理删除

11. 在 Visual FoxPro 中，为项目添加数据库或自由表，应选择_____选项卡。

    A．数据   B．信息   C．报表   D．窗体

12. 对于 Visual FoxPro，以下说法正确的是_____。

    A．项目管理是一个大文件夹，里面有若干个小文件

B．项目管理是管理开发应用程序的各种文件、数据和对象的工具

C．项目管理只能管理项目不能管理数据

D．项目管理不可以使用向导打开

13．要删除项目管理器包含的文件，需要使用项目管理器的_____按钮。

    A．连编   B．删除   C．添加   D．移去

14．项目管理器可以有效地管理表、表单、数据库、菜单、类、程序和其他文件，并且可以将它们编译成_____。

    A．扩展名为.app 的文件   B．扩展名为.exe 的文件

    C．扩展名为.app 或.exe 的文件   D．扩展名为.prg 的文件

15．要设置项目的帮助文件，选用"项目"菜单中的"项目信息"，在"项目信息"对话框选择_____选项。

    A．项目   B．信息   C．文件   D．服务程序

16．在项目管理器中删除数据库时出现相应对话框，选择"删除"按钮将_____。

    A．从项目管理器中删除数据库，但并不从磁盘上删除相应的数据库文件

    B．从项目管理器中删除数据库，并从磁盘上删除相应的数据库文件及数据库中的表对象

    C．从项目管理器中删除数据库，并从磁盘上删除相应的数据库文件

    D．不进行删除操作

17．下列说法中错误的是_____。

    A．所谓项目是指文件、数据、文档和 Visual FoxPro 对象的集合

    B．项目管理是 Visual FoxPro 中处理数据和对象的主要组织工具

    C．项目管理器提供了简便的、可视化的方法来组织和处理表、数据库、表单、报表、查询和其他一切文件

    D．在项目管理器中可以将应用系统编译成一个扩展名为.exe 的可执行文件，而不能将应用系统编译成一个扩展名为.app 的应用文件

18．项目管理器将一个应用程序的所有文件集合成一个有机的整体，形成一个扩展名为_____的项目文件。

    A．.dbc   B．.pjx   C．.prg   D．.exe

19．创建一个空的项目文件的操作是_____。

    A．从"文件"菜单中选择"新建"命令，在弹出的"新建"菜单对话框中选择"项目"单选项，单击"新建文件"按钮

    B．从"文件"菜单中选择"新建"命令，在弹出的"新建"菜单对话框中选择"项目"单选项，单击"向导"按钮

    C．单击常用工具栏上的"新建"按钮，在弹出的"新建"菜单对话框中选择"项目"单选项，单击"向导"按钮

    D．从"文件"菜单中选择"新建项目"命令

20．当激活"项目管理器"窗口时，_____。

    A．原来显示为灰色的"项目"菜单变为可用   B．将在菜单栏中显示"项目"菜单

    C．"项目"菜单变为不可用   D．菜单栏中没有任何变化

21．打开一个已有的项目的操作，错误的是_____。

    A．从"文件"菜单中选择"打开"命令，在弹出的"打开"对话框中选择"文件类型"为项目文件，然后双击要打开的项目

B. 单击"常用"工具栏上的"打开"按钮，在弹出的"打开"对话框中选择"文件类型"为项目文件，然后双击要打开的项目

C. 在资源管理器窗口中单击以".pjx"为扩展名的文件，系统将自动打开 Visual FoxPro，并在其中打开所选的项目文件

D. 在资源管理器窗口中双击以".dbc"为扩展名的文件，系统将将自动打开 Visual FoxPro，并在其中打开所选的项目文件

22. 以下操作不能在"数据"选项卡中实现的是_____。

A. 在"数据"选项卡中可以新建或修改查询

B. 可以展开数据库到表的单个字段

C. 在"数据"选项卡中可以新建数据库表和自由表

D. 在"数据"选项卡中可以新建一个表单

23. 在项目管理器中选择删除文件的操作方法是_____。

A. 先选择要移去的文件，单击"移去"按钮，在弹出的对话框中单击"移去"按钮。

B. 从"项目"菜单中选择"删除文件"命令，在弹出的对话框中单击"移去"按钮。

C. 先选择要移去的文件，单击"删除"按钮，在弹出的对话框中单击"移去"按钮。

D. 直接单击"删除"按钮。

24. 打开数据库 abc 的正确命令是_____。

A. USE abc   B. USE DATABASE abc

C. OPEN abc   D. OPEN DATABASE abc

25. 在 Visual FoxPro 中，创建一个名为 SDB.DBC 的数据库文件，命令是_____。

A. CREATE   B. CREATE SDB

C. CREATE TABLE SDB   D. CREATE DATABASE SDB

26. 下列命令中不能关闭数据库的是_____。

A. CLOSE DATABASE   B. CLOSE ALL

C. CLOSE   D. CLOSE DATABASE ALL

27. 项目管理器中的"数据"选项卡中包含有_____。

A. 数据库表、自由表和表单   B. 数据库、自由表和查询

C. 数据库表、自由表、查询和视图   D. 数据库、报表、查询和视图

28. 下面关于项目管理器的叙述中，不正确的是_____。

A. 项目管理器包含有 10 种功能按钮，并在不同的环境中出现不同的按钮

B. Create Project 将打开项目管理器，并创建一个新的项目

C. 项目管理器中移去文件时将直接删除此文件

D. 项目管理器中的"数据"、"文档"选项卡是比较常用的选项卡

29. 下列说法中正确的是_____。

A. 一个文件可以同时被多个项目包含

B. 项目中的每一个文件都是以独立文件的形式存在

C. 项目与项目中的文件只是建立了一种关联

D. 在项目管理器中新建或添加一个文件，意味着该文件已经为项目的一部分

30. 下列说法中正确的是_____。

A. 当项目管理器处于打开状态时，使用 CREATE DATABASE 命令创建的数据库将会自动添加到

项目中

　　B. 当数据库处于打开状态时，用 CREATE 命令创建的表文件将会自动添加到该数据库中

　　C. CLOSE DATABASE 在关闭数据库的同时，不会将数据库中的表同时关闭

　　D. 自由表不能被添加到数据库中

31. VFP 的文件菜单中的 CLOSE 命令是用来关闭_____。

　　A. 当前工作区中已打开的数据库　　　　　B. 所有已打开的数据库

　　C. 所有窗口　　　　　　　　　　　　　　D. 当前活动的窗口

32. 对于自由表而言，不允许有重复值的索引是_____。

　　A. 主索引　　　　　B. 候选索引　　　　C. 普通索引　　　　D. 唯一索引

33. 在 Visual FoxPro 中，下列关于表的叙述正确的是_____。

　　A. 在自由表中，能给字段定义有效性规则和默认值

　　B. 在数据库表中，能给字段定义有效性规则和默认值

　　C. 在数据库表和自由表中，都能给字段定义有效性规则和默认值

　　D. 在数据库表和自由表中，都不能给字段定义有效性规则和默认值

34. 在 Visual FoxPro 中，学生表 STUDENT 中包含有通用型字段，表中通用型字段中的数据均存储到_____文件中。

　　A. STUDENT.DOC　　B. STUDENT.MEM　　C. STUDENT.DBT　　D. STUDENT.FPT

35. VFP 系统中，表的结构取决于_____。

　　A. 字段的个数、名称、类型和长度　　　　B. 字段的个数、名称、顺序

　　C. 记录的个数、顺序　　　　　　　　　　D. 记录和字段的个数、顺序

36. 字段的默认值是保存在_____。

　　A. 表的索引文件中　　B. 数据库文件中　　C. 项目文件中　　D. 表文件中

37. 打开一个空表，执行 ?EOF()，BOF() 命令，显示结果为_____。

　　A. .T.和.T.　　　　B. .F.和.F.　　　　C. .F.和.T.　　　　D. .T.和.F.

38. 表(XS. DBF)中含有 100 条记录，执行下列命令后显示的记录序号是_____。

　　　　USE XS

　　　　GO 10

　　　　LIST NEXT 4

　　A. 10，11，12，13　　B. 11，12，13，14　　C. 4，5，6，7　　D. 1，2，3，4

39. 下列关于索引的描述中，不正确的是_____。

　　A. 结构和非结构复合索引文件的扩展名均为.CDX

　　B. 结构复合索引文件随表的打开而自动打开

　　C. 一个数据库表仅能创建一个主索引和一个唯一索引

　　D. 结构复合索引文件中的索引在表中的字段修改时，自动更新

40. 学生表(XS.DBF)的表结构为：学号(XH，C，8)，姓名(XM，C，8)，性别(XB，C，2)班级(BJ,C,6)，用 Insert 命令向 XS 表添加一条新记录，记录内容为：

XH	XM	XB	BJ
99220101	王　凌	男	992201

下列命令中正确的是_____。

A. INSERT　INTO　XS　VALUES("99220101","王 凌","男","992201")

B. INSERT　TO　XS　VALUES("99220101","王 凌","男","992201")

C. INSERT　INTO　XS(XH,XM,XB,BJ)　VALUES(99220101,王 凌,男,992)

D. INSERT　TO　XS(XH,XM,XB,BJ)　VALUES("99220101"," 王 凌","男","992)

41. 当执行命令 USE teacher ALIAS js IN B 后，被打开的表的别名是_____。

    A. teacher   B. js   C. B   D. js_B

42. 下面_____命令组与 LIST　FOR　xb="女" 具有相同的显示结果。

    A. LIST(回车)　SET FILTER TO(回车)   B. SET FILTER TO xb="女"(回车) LISE(回车)

    C. SET FILTER TO(回车) LIST(回车)   D. LIST(回车) SET FILTER TO xb="女"(回车)

43. 索引文件中的标识名最多由_____个字母、数字或下划线组成。

    A. 5   B. 6   C. 8   D. 10

44. 已知 js 表中有两条记录，下列操作中，返回值一定是.T.的是_____。

    A. USE js(回车) ? BOF()(回车)

    B. USE js(回车) GO 2(回车) SKIP-1(回车) ? BOF()(回车)

    C. USE js(回车) GO BOTTOM(回车) SKIP(回车) ? EOF()(回车)

    D. USE js(回车) SKIP-1(回车) ? EOF()(回车)

45. 某打开的表中有 20 条记录，当前记录号为 8，执行命令 LIST NEXT 3 (回车)后，所显示的记录的序号为_____。

    A. 8－11   B. 9－10   C. 8－10   D. 9－11

46. 打开一张表后，执行下列命令：

        GO 6

        SKIP-5

        GO 5

则关于记录指针的位置说法正确的是_____。

    A. 记录指针停在当前记录不动   B. 记录指针的位置取决于记录的个数

    C. 记录指针指向第 5 条记录   D. 记录指针指向第一条记录

47. 下列命令中_____可以在共享方式下运行。

    A. APPEND   B. PACK   C. MODIFY STRUCTURE D. ZAP

48. 有关表的索引，下列说法中不正确的是_____。

    A. 当一张表被打开时，其对应的结构复合索引文件被自动打开

    B. 任何表的结构复合索引能控制表中字段重复值的输入

    C. 一张表可建立多个候选索引

    D. 主索引只适用于数据库表

49. 建立索引时，_____字段不能作为索引字段。

    A. 字符型   B. 数值型   C. 备注型   D. 日期型

50. 下列关于表的索引的描述中，错误的是_____。

    A. 复合索引文件的扩展名为.cdx

    B. 结构复合索引文件随表的打开而自动打开

    C. 当对表编辑修改时，其结构复合索引文件中的所有索引自动维护

    D. 每张表只能创建一个主索引和一个候选索引

51. 在 Visual FoxPro 的表中，存储图像的字段类型应该是_____。

    A．备注型   B．通用型   C．字符型   D．双精度型

52. GO TOP 命令将记录指针指向_____。

    A．首记录   B．末记录   C．任何记录   D．文件结尾

53. 使用_____命令，在当前记录后面添加一个空记录。

    A．APPEND   B．APPEND BLANK   C．INSERT   D．INSERT BLANK

54. 要从某表中真正删除一条记录，正确的方法是_____。

    A．直接用 ZAP 命令   B．直接用 PACK 命令

    C．先用 DELETE 命令，再用 ZAP 命令   D．先用 DELETE 命令，再用 PACK 命令

55. 在浏览表时，若某记录的备注字段显示为：Memo，表示该记录的备注字段中_____。

    A．内容为：Memo   B．有内容   C．无内容   D．是否有内容无法判断

56. 在 Visual Foxpro 中，表 STUDENT 中含有通用型字段，表中通用型字段中的数据均存储到另一个文件中，该文件名为_____。

    A．STUDENT.DOC   B．STUDENT.MEM   C．STUDENT.DBT   D．STUDENT.FTP

57. _____函数，可以确定记录指针位置是否超出当前表或指定表中的最后一个记录。

    A．BOF()   B．EOF()   C．TOP   D．BOTTOM

58. _____命令，从当前表中永久删除标有删除标记的记录。

    A．PACK   B．RECALL   C．DELETE   D．RELEASE

59. 在 Visual FoxPro 的表中，存储图像的字段类型应该是_____。

    A．备注型   B．通用型   C．字符型   D．双精度型

60. _____命令，在一个已建立索引的表中搜索一个记录的第一次出现位置，该记录的索引关键字与指定表达式相匹配。

    A．FOUND   B．SEEK   C．LOCATE   D．CONTINUE

61. _____命令，恢复所选表中带有删除标记的记录。

    A．PACK   B．RECALL   C．DELETE   D．RELEASE

62. 在"表设计器"中指定索引的类型时，_____仅适用于数据库表。

    A．普通索引   B．唯一索引   C．候选索引   D．主索引

63. FIND 命令的语法格式为_____：

    A．FIND <字符串>|<数值>   B．FIND <表达式>

    C．FIND FOR <条件>   D．FIND <范围>

64. GO BOTTOM 命令将记录指针指向_____。

    A．首记录   B．末记录   C．任何记录   D．文件结尾

65. 要从某数据库文件中真正删除一条记录，正确的方法是_____。

    A．先用 DELETE 命令，再用 PACK 命令   B．先用 DELETE 命令，再用 ZAP 命令

    C．直接用 PACK 命令   D．直接用 ZAP 命令

66. 在 Visual FoxPro 中，存储诸如简历、说明等较长的内容的字段类型应该是_____。

    A．备注型   B．通用型   C．字符型   D．双精度型

67. 显示从当前记录开始到文件结束的所有记录，范围应使用_____。

    A．REST   B．NEXT   C．ALL   D．RECORD

68. 要从某表中真正删除一条记录，正确的方法是_____。

A. 直接用 ZAP 命令　　　　　　　　B. 直接用 PACK 命令

C. 先用 DELETE 命令，再用 ZAP 命令　　D. 先用 DELETE 命令，再用 PACK 命令

69. 使用以下命令为表 Student.dbf 创建普通索引：

USE Student

INDEX ON 出生年月 TAG CSNY

若按索引标识名"CSNY"规定的顺序列出记录，应该使用命令_____。

A. SET ORDER TO CSNY　　　　　　B. SET TAG TO CSNY

C. INDEX ON 出生年月　　　　　　　D. TAG ON 出生年月

70. 如果 SEEK 命令找到了索引关键字与指定的表达式相匹配的记录，则 BOF() 和 EOF() 返回_____。

A. .T.和.T.　　　B. .F.和.F.　　　C. .T.和.F.　　　D. .F.和.T.

71. 在表中，_____字段中可以存储图形。

A. 备注型　　　B. 通用型　　　C. 图形型　　　D. 双精度型

72. 在下列移动表记录指针命令中，正确的命令是_____。

A. GO BOF()　　B. GO EOF()　　C. GO TOP　　D. SKIP TOP

73. 使用_____命令，在当前表的末尾添加一个空记录。

A. APPEND　　B. APPEND BLANK　C. INSERT　　D. INSERT BLANK

74. 在"表设计器"中指定索引的类型时，_____不能用于自由表。

A. 普通索引　　B. 唯一索引　　C. 候选索引　　D. 主索引

75. 在用 LOCATE 查找到记录后，执行 CONTINUE 操作。如果 CONTINUE 查找到一个记录，则 BOF() 和 EOF() 返回_____。

A. .T. 和 .T.　　　B. .F.和.F.　　　C. .T. 和 .F.　　　D. .F.和.T.

76. 如果 LOCATE 命令找到了满足条件的记录，则 BOF() 和 EOF() 返回_____。

A. .T.和.T.　　　B. .F.和.F.　　　C. .T.和.F.　　　D. .F.和.T.

77. _____命令可使记录指针在表中向前移动或向后移动。

A. EXIT　　　B. LOOP　　　C. MOVE　　　D. SKIP

78. _____命令，给要删除的记录加上标记。

A. PACK　　　B. RECALL　　　C. DELETE　　　D. RELEASE

79. 使用以下命令为表 student.dbf 创建普通索引：

USE student

INDEX ON 姓名 TAG 姓名

若按索引标识名"姓名"规定的顺序列出记录，应该使用命令_____。

A. TAG ON 姓名　　　　　　　　　B. INDEX ON 姓名

C. SET TAG TO 姓名　　　　　　　D. SET ORDER TO 姓名

80. _____命令，继续执行先前的 LOCATE 命令。

A. FIND　　　B. SEEK　　　C. LOCATE　　　D. CONTINUE

81. 在 Visual FoxPro 中，表结构中的逻辑型、日期时间型、备注型的宽度由系统自动给出，它们分别为_____。

A. 1,4,8　　　B. 1,8,4　　　C. 1,10,8　　　D. 2,8,8

82. 在表中，_____字段中可以存储图形。

A. 图形型　　　B. 通用型　　　C. 备注型　　　D. 备注型(二进制)

83. _____命令，从表中删除所有记录，只留下表的结构。

    A. PACK   B. RECALL   C. DELETE   D. ZAP

84. 在使用"表设计器"创建并修改自由表时，不能建立的索引类型为_____。

    A. 主索引   B. 候选索引   C. 唯一索引   D. 普通索引

85. _____命令既可以在有索引的表中查询，也可以在无索引的表中查询。

    A. LOCATE   B. FIND   C. SEEK   D. VIEW

86. 以下关于空值(NULL)叙述正确的是_____。

    A. VFP 不支持空值   B. 空值等同于数值 0

    C. 空值等同于空字符串   D. 空值表示字段或变量还没有确定值

87. 在 Visual FoxPro 的数据表文件中，每条记录的总长度比用户定义的各个字段宽度之和多一个字节，该字节用于_____。

    A. 存放删除标记   B. 存放记录号   C. 存放索引关键字   D. 存放记录宽度

88. 数据表文件"学生表.DBF"中有性别(字符型)和平均分(数值型)字段，如果显示平均分超过 90 分和不及格的全部女生的记录，应该使用的命令是_____。

    A. LIST FOR 性别="女".OR.平均分>90.OR.平均分<60

    B. LIST FOR 性别="女"，平均分>90，平均分<60

    C. LIST FOR 性别="女".AND.平均分>90.AND.平均分<60

    D. LIST FOR 性别="女".AND.(平均分>90.OR.平均分<60)

89. 假设数据表中共有 10 条记录，当执行命令 GO BOTTOM 后，命令? RECNO()的结果是_____。

    A. 9   B. 10   C. 11   D. 1

90. 假设数据表中共有 50 条记录，当执行命令 DISPLAY ALL 之后，命令? RECNO()的结果是_____。

    A. 1   B. 50   C. 51   D. 0

91. 假如数据表中有"数学"、"语文"、"物理"、"化学"、"英语"、"总分"等字段，它们都为数值型数据，如果要求出所有学生的总分并添入总分字段中，应使用的命令是_____。

    A. REPLACE 总分 WITH 数学+语文+物理+化学+英语

    B. REPLACE 总分 WITH 数学，语文，物理，化学，英语

    C. REPLACE ALL 总分 WITH 数学+语文+物理+化学+英语

    D. REPLACE 总分 WITH 数学+语文+物理+化学+英语 FOR ALL

92. ZAP 命令可以删除当前数据表文件的_____。

    A. 全部记录   B. 满足条件的记录

    C. 本身   D. 全部有删除标记的记录(pack)

93. 某数据表中共有 10 条记录，当前记录为 6，先执行命令 SKIP 10，再执行命令?EOF()，执行最后一条命令后，显示的结果是_____。

    A. 错误信息   B. 11   C. .T.   D. .F.

94. 对职称是副教授的职工，按工资从多到少进行排序，工资相同者，按年龄从大到小排列，排序后生成的表文件名是 FGZ.DBF，应该使用的命令是_____。

    A. SORT TO FGZ ON 工资/A，出生日期/D FOR 职称="副教授"

    B. SORT TO FGZ ON 工资/D，出生日期/A FOR 职称="副教授"

    C. SORT TO FGZ ON 工资/A，出生日期/A FOR 职称="副教授"

    D. SORT TO FGZ ON 工资/D，出生日期/D FOR 职称="副教授"

95. 数据表中有工资字段，现要求按工资字段的降序建立索引文件 GZJX.IDX，应该使用的命令是_____。

    A．INDEX ON 工资/D TO GZJX   B．SET INDEX ON -工资 TO GZJX

    C．INDEX ON -工资 TO GZJX   D．REINDEX ON 工资 TO GZJX

96. TOTAL 命令的功能是_____。

    A．对数值型字段按关键字分类求和   B．分别计算所有数值型字段的和

    C．计算每个记录中数值型字段的和   D．求满足条件的记录个数

97. 一个数据表中共有 10 条记录，当函数 EOF() 为.T.时，当前记录号应为_____。

    A．10   B．11   C．0   D．1

98. 下列有关索引的说法，正确的是_____。

    A．可以在自由表中创建主索引

    B．建立主索引的主关键字值不能为空，但可以有重复数值

    C．可以在自由表中建立候选索引

    D．唯一索引中只保留关键字段值相同的第一条记录(只显示)

99. Visual FoxPro 中的参照完整性规则不包括_____。

    A．更新规则   B．删除规则   C．查询规则   D．插入规则

100. 以下关于查询的描述正确的是_____。

    A．不能根据自由表建立查询

    B．只能根据自由表建立查询

    C．只能根据数据库表建立查询

    D．可以根据数据库表和自由表建立查询

101. 下列不属于查询结果输出格式的是_____。

    A．浏览   B．图形   C．屏幕   D．视图

102. GO TOP 命令将记录指针指向_____。

    A．首记录   B．末记录   C．任何记录   D．文件结尾

103. 使用_____命令，在当前记录后面添加一个空记录。

    A．APPEND   B．APPEND BLANK   C．INSERT   D．INSERT BLANK

104. 若建立索引的字段值不允许重复，并且一个表中只能创建一个。它应该是_____。

    A．主索引   B．唯一索引   C．后选索引   D．普通索引

105. _____命令，在一个已建立索引的表中搜索一个记录的第一次出现位置，该记录的索引关键字与指定表达式相匹配。

    A．FOUND   B．SEEK   C．LOCATE   D．CONTINUE

106. 在 Visual FoxPro 中，存储诸如简历、说明等较长的内容的字段类型应该是_____。

    A．备注型   B．通用型   C．字符型   D．双精度型

107. 显示从当前记录开始到文件结束的所有记录，范围应使用_____。

    A．REST   B．NEXT   C．ALL   D．RECORD

108. 若建立索引的字段值不允许重复，并且一个表中只能创建一个。它应该是_____。

    A．主索引   B．唯一索引   C．后选索引   D．普通索引

109. 在 Visual FoxPro 中创建含备注字段的表和表的结构复合索引文件后，系统自动生成的三个文件的扩展名为_____。

A. .pjx、.pjt、.prg
B. .dbf、.cdx、.fpt
C. .fpt、.frx、.fxp
D. .dbc、.dct、.dcx

110. 彻底删除记录数据可以分两步来实现，这两步是_____。

A. PACK 和 ZAP
B. PACK 和 RECALL
C. DELETE 和 PACK
D. DELE 和 RECALL

二、填空题

1. 应用程序的执行总是从_____开始执行。

2. 要设置主控程序，应在"项目"菜单中选择_____选项。

3. 在项目管理器中将数据库展开至表，选择要操作的表，然后单击"_____"，即在"浏览"窗口中浏览该表。

4. 项目管理器用_____的方法来管理属于同一个项目的文件。

5. 扩展名为.app 的文件是_____文件，扩展名为.cdx 的文件是_____文件，扩展名为.fmt 的文件是_____文件，扩展名为.lbx 的文件是_____文件。

6. 在打开项目管理器之后再打开"应用程序生成器"，可以通过按 ALT+F2 键，快捷菜单和"工具"菜单中的_____。

7. 如果项目不是用"应用程序向导"创建的，应用程序生成器只有_____、"表单"和"报表"三个选项卡可用。

8. 在应用程序生成器的"常规"选项卡中，选择程序类型时选中"顶层"，将生成一个可以在_____上运行的.exe 可执行程序，不必启动 Visual FoxPro。

9. 扩展名为.prg 的程序文件在"项目管理器"的_____选项卡中显示和管理。

10. 要使得在"应用程序生成器"中所做修改与当前活动项目保持一致，应单击_____按钮。

11. 使用"应用程序向导"创建的项目，除项目外还自动生成一个_____。

12. 项目管理器的"移去"按钮有两个功能：一是把文件移去，二是_____文件。

13. 项目管理器的_____选项卡用于显示和管理数据库、自由表和查询等。

14. 项目管理器中每个数据库都包含本地视图、远程视图、_____、存储过程和_____。

15. 在项目管理器中，_____选项卡用来管理项目中的所有数据，_____选项卡用来管理项目中的所有文档文件。

16. 项目文件的扩展名是_____，数据库文件的扩展名是_____，表文件的扩展名是_____，数据表备注文件的扩展名是_____。

17. 创建一个项目文件的命令是_____。

18. 当打开项目管理器时，项目管理器中的主要功能按钮是_____、_____、_____、_____、_____和_____。

19. 表向导的功能是帮助用户_____，数据库向导的功能是帮助用户_____。

20. 每个表文件中记录的最大个数是_____，每个记录中的最多字段数是_____，一次同时打开的表的最大数_____。

21. Visual FoxPro 中不允许在主关键字字段中有重复值或_____。

22. Create C:\VFP\ABC.DBF 命令将会打开_____设计器。

23. 工资关系中有工资号、姓名、职务工资、津贴、公积金、所得税等字段，其中可以作为关键字的字段是_____。

24．在定义字段有效性规则中，在规则框中输入的表达式中类型是＿＿＿＿＿＿＿。

25．打开"选项"对话框之后，要设置日期和时间的显示格式，应当选择"选项"对话框的＿＿＿＿＿＿＿选项卡。

26．假设图书管理数据库中有 3 个表，图书.dbf、读者.dbf 和借阅.dbf。它们的结构分别如下：图书(总编号 C(6)，分类号 C(8)，书名 C(16)，出版单位 C(20)，单价 N(6,2)) 读者(借书证号 C(4)，单位 C(8)，姓名 C(6)，性别 C(2)，职称 C(6)，地址 C(20))借阅(借书证号 C(4)，总编号 C(6)，借书日期 D(8))在上述图书管理数据库中，图书的主索引是总编号，读者的主索引是借书证号，借阅的主索引应该是＿＿＿＿＿＿＿。

27．实现表之间临时联系的命令是＿＿＿＿＿＿＿。

28．设工资=1200，职称="教授"，下列逻辑表达式的值是＿＿＿＿＿＿＿。工资>1000 AND (职称="教授"OR 职称="副教授")

29．Visual FoxPro 中，索引分为主索引、＿＿＿＿＿＿＿、＿＿＿＿＿＿＿和普通索引。

30．二维表中的列称为关系的＿＿＿＿＿＿＿；行称为关系的＿＿＿＿＿＿＿。

31．释放所有除了 d 字母开头的且变量名仅有三个字符的内存变量，应使用命令＿＿＿＿＿＿＿。

32．字段变量是在＿＿＿＿＿＿＿时定义的。

33．建立一个新的表文件，一般分两步进行，第一步是＿＿＿＿＿＿＿；第二步是＿＿＿＿＿＿＿。

34．文件的结构是指＿＿＿＿＿＿＿，表文件的内容是指＿＿＿＿＿＿＿。

35．在表的尾部增加一条空白记录的命令是＿＿＿＿＿＿＿。

36．在表的浏览窗口中，向一个允许 Null 值的字段中输入 Null 值的方法是＿＿＿＿＿＿＿。

37．创建数据库 RY 后，系统自动生成的三个文件为＿＿＿＿＿＿＿、＿＿＿＿＿＿＿和＿＿＿＿＿＿＿。

38．如果一个数据库表的 DELETE 触发器设置为.F.，则不允许对该表作＿＿＿＿＿＿＿记录的操作。

39．在参照完整性的设置中，如果要求在主表中删除记录的同时删除子表中的相关记录，则应将"删除"规则设置为＿＿＿＿＿＿＿。

40．当打开 RY 数据库后再打开 XS 数据库，则表达式 DBUSED("RY") AND DBUSED("XS") 的值为＿＿＿＿＿＿＿。

41．关系数据库中可命名的最小数据单位是＿＿＿＿＿＿＿。

42．同一个表的多个索引可以创建在一个索引文件中，索引文件名与相关的表同名，索引文件的扩展名是＿＿＿＿＿＿＿，这种索引称为＿＿＿＿＿＿＿。

43．在 Visual FoxPro 中，最多同时允许打开＿＿＿＿＿＿＿个数据库表和自由表。

44．数据描述语言的作用是＿＿＿＿＿＿＿。

45．每个关系应有一个主关键字，其值唯一标识关系中的一个元组，主关键字的值不能重复，不能为空值(NULL)，此约束称为＿＿＿＿＿＿＿。

46．关系模型的 3 种数据完整性约束：＿＿＿＿＿＿＿、＿＿＿＿＿＿＿和＿＿＿＿＿＿＿。

47．关系(表)中元组(行)的排列顺序＿＿＿＿＿＿＿，属性(列)的排列顺序＿＿＿＿＿＿＿。

48．最常用的优化方法就是通过对记录进行＿＿＿＿＿＿＿或＿＿＿＿＿＿＿分解。

49．一个关系模式的定义格式为＿＿＿＿＿＿＿。

50．已知系(系编号，系名称，系主任，电话，地点)和学生(学号，姓名，性别，入学日期，专业，系编号)两个关系，系关系的主关键字是＿＿＿＿＿＿＿，系关系的外部关键字是＿＿＿＿＿＿＿，学生关系的主关键字是＿＿＿＿＿＿＿，外部关键字是＿＿＿＿＿＿＿。

51．关系模式中属性值应是域中的值，一个属性是否为 NULL 值是由语义决定的，数据定义必须满足一定的语义要求，此约束称为＿＿＿＿＿＿＿。

52. 基本属性是_____，组合属性是_____。

53. 为了把多对多的联系分解成两个一对多联系所建立的"纽带表"中应包含两个表的_____。

54. Visual FoxPro 的主索引和候选索引可以保证数据的_____完整性。

三、判断题

1. 在项目管理器中修改表中字段的值，使用"修改"按钮来实现。

2. 数据库、自由表属于项目中的数据类文件。

3. 自由表字段名最大长度 128 个字符。

4. REST 表示命令操作的范围为从当前记录开始到最后一条记录。

5. 结束 VFP 的使用后正常退出方法只有一种。

6. VFP 可以同时打开的表文件数目没有限制。

7. Visual FoxPro 6.0 中，可以同时打开 255 个表文件。

8. 建立单索引的命令中，不包含用于指定降序的关键字。

9. 建立索引文件时，备注型不能作为索引字段。

10. 建立复合索引时，可以通过 DESC 关键字建立降序索引。

11. 建立结构化复合索引时，有几个索引标识就有几个索引文件。

12. 命令 sele 0 选定 0 号工作区。

13. 用 join 命令连接两个表文件之前，这两个表必须在不同的工作区打开。

14. APPEND 命令和 INSERT 命令都是在当前记录的后面插入新记录。

15. 在 VFP 中如果要在通用字段中插入图片有嵌入和链接两种方式。

16. SCATTER 命令可以把表的一条的记录复制到数组中。

17. 执行 PACK 物理删除命令可能会改变表的结构。

18. 在 VFP 中一个表不允许有多个备注字段。

19. 当记录指针指向表头(TOP 处)时，recn() 值总是为 1。

20. 当记录指针指向表尾(BOTTOM 处)时，recc() 和 recn() 值肯定相同。

21. Bof() 和 Eof() 不可能同时为.T.。

22. 当在备注型字段中输入内容后，该字段显示为 Memo。

23. 一个表有多少个备注字段，就生成多少个备注文件。

24. 备注字段在数据表中的默认宽度是 128 个字符。

25. DISPLAY 命令与 LIST 命令没有区别。

26. COPY 命令既可以实现对字段的投影，又可以实现对记录的筛选。

27. 用 COPY 命令可以复制生成表、文本、Excel 工作表等多种类型文件。

28. 在 Visual FoxPro 6.0 中，索引关键字可分为主索引、候选索引、普通索引、唯一索引。在这些索引类型中，唯一索引类型在一个表中只能有一个，其他索引在一个表中可以有多个。

29. 想使表中数据有序排列的两种方法是：排序和索引。

30. 在 Visual FoxPro 6.0 有三种索引，其中结构化复合索引的特点是：在表打开的同时自动打开该索引文件，索引文件名可以与表文件名不相同。

31. 无论是结构化还是非结构化复合索引，索引文件都随着表的打开而自动打开。

32. 在一个数据表中只允许建立一个索引的是主索引。

33. 打开一个建立了结构复合索引的数据表，表记录的顺序为原表顺序。

34. 在表设计器的'字段'选项卡中可以创建主索引。

35. 索引查询要求被查询表文件建立并打开相应索引。

36. 用 set relation 命令建立表关联之前,两个表都必须建立索引。

37. 使用 set relation 命令可以建立两个表之间的关联,这种关联是永久性关联。

38. Visual FoxPro 6.0 中的 set relation 关联操作是一种逻辑连接。

39. 用命令 join 连接两个表文件,应该先对两个表文件建立索引。

40. 在 Visual FoxPro 6.0 中,在已打开的数据表'学生'中统计表中学生的记录个数,应用的命令是 total。

41. VFP 支持把 EXCEL 中的数据追加到表文件中。

42. VFP 支持把 WORD 输入的数据追加到表文件中。

43. 使用 ZAP 命令物理删除所有记录必须先使用 DELETE 命令。

44. VFP 的备注型字段中存放的是备注文件的内容。

45. BROWSE 命令不能对记录进行编辑。

46. 在执行了 REPL   ALL 之后记录指针指向最后一条记录。

第 3 章答案

一、选择题

1. B	2. C	3. D	4. B	5. D	6. D	7. C	8. A	9. B	10. A
11. A	12. B	13. D	14. C	15. D	16. C	17. D	18. B	19. A	20. B
21. C	22. D	23. A	24. D	25. D	26. C	27. B	28. C	29. D	30. B
31. D	32. B	33. B	34. D	35. A	36. B	37. A	38. A	39. C	40. A
41. B	42. B	43. D	44. C	45. C	46. C	47. A	48. B	49. C	50. D
51. B	52. A	53. D	54. D	55. B	56. D	57. B	58. A	59. B	60. B
61. B	62. D	63. A	64. B	65. A	66. A	67. A	68. D	69. A	70. B
71. B	72. C	73. B	74. D	75. B	76. B	77. D	78. C	79. D	80. D
81. B	82. B	83. D	84. A	85. A	86. D	87. B	88. D	89. B	90. C
91. A	92. C	93. B	94. D	95. C	96. A	97. B	98. C	99. C	100. D
101. D	102. A	103. D	104. A	105. B	106. A	107. A	108. A	109. B	110. C

二、填空题

1. 主文件
2. 设置主文件
3. 浏览
4. 图形化分类
5. 应用程序 数据表复合索引 格式 标签
6. 应用程序生成器
7. 数据
8. Windows 桌面或桌面或 windows
9. 代码
10. 清理
11. 应用程序框架
12. 删除
13. 数据
14. 表、连接
15. 数据 文档
16. .PJX .DBC .DBF .FPT
17. Create Project

18．新建　添加　修改　运行　移去　连编

19．set relation 或 SET RELATION 或 set relation to 或 SET RELATION TO

20．域

21．主关键字或主键

22．不能再分解的属性　可以再分解成其他属性的属性

23．域完整性约束

24．逻辑表达式

25．区域

26．总编号+借书证号

27．创建表　创建数据库

28．T.或真

29．候选索引　唯一索引

30．属性　元组　或　字段　记录

31．LEASE ALL EXCEPT"d??"

32．定义数据库文件结构

33．建立表文件结构，输入数据

34．基本框架，记录数据

35．APPEND BLANK 或 APPE BLAN 或 APPEN BLAN 或 APPEND BLAN

36．交互输入

37．RY.DBF　RY.CDX、RY.FPT

38．删除

39．级联

40．.F.

41．属性名或字段

42．.cdx 或.CDX 与结构复合索引

43．32767　2

44．定义数据库或定义或修改数据库

45．实体完整性约束

46．实体完整性　参照完整性　用户自定义完整性

47．无关紧要；无关紧要

48．垂直；水平

49．关系名(属性名 1，属性名 2，……，属性名 n)

50．系编号　无　学号　系编号

51．工资号

52．表

53．空值

54．10 亿个　255 个　255 个

三、判断题

1. F	2. T	3. F	4. T	5. F	6. F	7. T	8. T	9. T	10. T
11. F	12. F	13. T	14. F	15. T	16. T	17. F	18. F	19. F	20. F
21. F	22. F	23. F	24. T	25. F	26. T	27. T	28. F	29. T	30. T
31. F	32. T	33. T	34. F	35. T	36. F	37. F	38. T	39. F	40. F
41. T	42. T	43. F	44. F	45. F	46. F				

第4章 结构化查询语言及应用

一、选择题

1. 关系数据库管理系统的 SQL 语言是_____。
   A. 顺序查询语言　　　B. 结构化查询语言　　　C. 关系描述语言　　　D. 关系查询语言

2. 使用 SQL 语言有两种方式，它们是_____。
   A. 菜单式和交互式　　B. 嵌入式和程序式　　　C. 交互式和嵌入式　　D. 命令式和解释式

3. 在 SQL 包含的功能中，最重要的功能是_____。
   A. 数据查询　　　　　B. 数据操纵　　　　　　C. 数据定义　　　　　D. 数据控制

4. SQL 的全部功能可以用 9 个动词概括，其中动词 INSERT 是属于下列_____功能。
   A. 数据查询　　　　　B. 数据操纵　　　　　　C. 数据定义　　　　　D. 数据控制

5. 从数据库中删除表的命令是_____。
   A. DROP TABLE　　　B. ALTER TABLE　　　C. DELETE TABLE　　D. USE

6. UPDATE-SQL 语句的功能是_____。
   A. 属于数据定义功能　　　　　　　　　　B. 属于数据查询功能
   C. 可以修改表中某些列的属性　　　　　　D. 可以修改表中某些列的内容

7. INSERT-SQL 命令的功能是_____。
   A. 在表头插入一条记录　　　　　　　　　B. 在表尾插入一条记录
   C. 在表中指定位置插入一条记录　　　　　D. 在表中指定位置插入若干条记录

8. 不属于数据定义功能的 SQL 语句是_____。
   A. CREATE TABLE　　B. CREATE CURSOR　C. UPDATE　　　　　D. ALTER TABLE

9. SQL 中的 DELETE 语句可以用于_____。
   A. 删除数据表的结构　B. 删除数据表　　　　C. 删除数据表的记录　D. 删除数据表的字段

10. 在 SQL 的 ALTER 语句中，用于删除字段的子句是_____。
    A. ALTER　　　　　　B. DELETE　　　　　　C. DROP　　　　　　　D. MODIFY

11. 在 ALTER-SQL 语句中_____子句用于增加字段的长度。
    A. ADD　　　　　　　B. ALTER　　　　　　　C. MODIFY　　　　　　D. DROP

12. 在 Visual FoxPro 中，使用 SQL 命令将学生表 STUDENT 中的学生年龄 AGE 字段的值增加 1 岁，应该使用的命令是_____。
    A. REPLACE AGE WITH AGE+1　　　　　　B. UPDATE STUDENT AGE WITH AGE+1
    C. UPDATE SET AGE WITH AGE+1　　　　　D. UPDATE STUDENT SET AGE = AGE+1

13. 在 SQL 查询时，使用 WHERE 子句提出的是_____。
    A. 查询目标　　　　　B. 查询结果　　　　　　C. 查询条件　　　　　D. 查询分组

14. 在 SELECT 语句中，如果要对输出的记录进行排序，应选使用_____项。
    A. ORDER　　　　　　B. GROUP　　　　　　　C. HAVING　　　　　　D. TOP

15. 在 SELECT 语句中，_____子句后可能带有 HAVING 短语。

A. ORDER   B. GROUP   C. WHERE   D. SELECT

16. 在 SELECT 语句中，为了在查询结果中消去重复记录，应使用_____项。

A. PERCENT   B. DISTINCT   C. TOP N   D. WITH TIES

17. 在 SELECT-SQL 语言中，_____子句相当于关系中的投影运算。

A. WHERE   B. JOIN   C. FROM   D. SELECT

18. 在 SELECT-SQL 语句中，要将查询结果保存数据表中的选项是_____。

A. INTO TABLE〈新表名〉   B. TO FILE 〈文件名〉

C. TO PRINTER   D. TO SCREEN

19. 在创建数据表时，可以给字段规定 NULL 或 NOT NULL 值，NULL 值的含义是_____。

A. 0   B. 空格   C. NULL   D. 不确定

20. 当子查询返回的值是一个集合时，_____不是在比较运算符和子查询中使用的量词。

A. REST   B. IN   C. ALL   D. ANY

21. SELECT-SQL 语句可以用于多表查询，其中的数据表连接类型有四种，下列_____项代表内部连接。

A. INNER   B. LEFT   C. RIGHT   D. FULL

22. 如果要选择分数在 70 和 80 之间的记录，_____是正确的。

A. 分数>=70 AND <=80   B. 分数 BETWEEN 70 AND 80

C. 分数>=70 OR 分数<=80   D. 分数 IN（70,80）

23. 查询除教授和副教授以外的教师姓名，其 WHERE 子句为_____。

A. WHERE 职称 NOT BETWEEN "教授" AND "副教授"

B. WHERE 职称！="教授" AND "副教授"

C. WHERE 职称 NOT LIKE （"教授"，"副教授"）

D. WHERE 职称 NOT IN ("教授"，"副教授")

24. 在选课表中，找出成绩不为空的记录，应使用下列语句_____。

A. SELECT *FROM 选课表 WHERE 成绩 IS " "

B. SELECT *FROM 选课表 WHERE 成绩=0

C. SELECT *FROM 选课表 WHERE 成绩<>NULL

D. SELECT *FROM 选课表 WHERE 成绩 IS NOT NULL

25. 为了在选课表中查询选修了"C140"和"C160"课程的学号，SELECT-SQL 语句的 WHERE 子句的格式为_____。

A. WHERE 课程号 BETWEEN "C140" AND "C160"

B. WHERE 课程号="C140" AND "C160"

C. WHERE 课程号 IN（"C140"，"C160"）

D. WHERE 课程号 LIKE（"C140"，"C160"）

26. 下列 COUNT 函数的用法错误的是_____。

A. COUNT（ALL）   B. COUNT（*）

C. COUNT（成绩）   D. COUNT（DISTINCT 学号）

27. 要从选课表中统计每个学生选修的课程门数，应使用的 SELECT-SQL 语句是_____。

A. SELECT COUNT（*）FROM 选课表

B. SELECT COUNT（*）FROM 选课表 GROUP BY 学号

C. SELECT DISTINCT COUNT(*)FROM 选课表

D. SELECT DISTINCT COUNT(*)FROM 选课表 GROUP BY 学号

28. 要从选课表中查询选修了三门课程以上的学生学号，应使用的 SELECT-SQL 语句是_____。

A. SELECT 学号 FROM 选课表 WHERE COUNT(*)>=3

B. SELECT 学号 FROM 选课表 HAVING COUNT(*)>=3

C. SELECT 学号 FROM 选课表 GROUP BY 学号 HAVING COUNT(*)>=3

D. SELECT 学号 FROM 选课表 GROUP BY 学号 WHERE COUNT(*)>=3

29. 查询选修课成绩在 80 分以上的女生姓名，用_____语句。

A. SELECT 姓名 FROM 学生表，选课表 WHERE 学生表.学号=选课表.学号

.OR.性别="女".AND.成绩>=80

B. SELECT 姓名 FROM 学生表，选课表 WHERE 学生表.学号=选课表.学号

.AND.性别="女".OR.成绩>=80

C. SELECT 姓名 FROM 学生表，选课表 WHERE 学生表.学号=选课表.学号

.OR.性别="女".OR.成绩>=80

D. SELECT 姓名 FROM 学生表，选课表 WHERE 学生表.学号=选课表.学号

.AND.性别="女".AND.成绩>=80

第 30—35 题使用如下三个表：

部门.DBF：部门号 C(8)，部门名 C(12)，负责人 C(6)，电话 C(16)

职工.DBF：部门号 C(8)，职工号 C(10)，姓名 C(8)，性别 C(2)，出生日期 D

工资.DBF：职工号 C(10)，基本工资 N(8.2)，津贴 N(8.2)，奖金 N(8.2)，扣除 N(8.2)

30. 查询职工实发工资的正确命令是_____。

A. SELECT 姓名，(基本工资+津贴+奖金-扣除)AS 实发工资 FROM 工资

B. SELECT 姓名，(基本工资+津贴+奖金-扣除)AS 实发工资 FROM 工资；

WHERE 职工.职工号=工资.职工号

C. SELECT 姓名，(基本工资+津贴+奖金-扣除.AS 实发工资)；

FROM 工资，职工 WHERE 职工.职工号=工资.职工号

D. SELECT 姓名，(基本工资+津贴+奖金–扣除.AS 实发工资)；

FROM 工资 JOIN 职工 WHERE 职工.职工号=工资.职工号

31. 查询 1962 年 10 月 27 日出生的职工信息的正确命令是_____。

A. SELECT * FROM 职工 WHERE 出生日期={^1962-10-27}

B. SELECT * FROM 职工 WHERE 出生日期=1962-10-27

C. SELECT * FROM 职工 WHERE 出生日期="1962-10-27"

D. SELECT * FROM 职工 WHERE 出生日期=("1962-10-27")

32. 查询每个部门年龄最长者的信息，要求得到的信息包括部门名和最长者的出生日期。正确的命令是_____。

A. SELECT 部门名,MIN(出生日期)FROM 部门 JOIN 职工；

ON 部门.部门号=职工.部门号 GROUP BY 部门名

B. SELECT 部门名,MAX(出生日期)FROM 部门 JOIN 职工；

ON 部门.部门号=职工.部门号 GROUP BY 部门名

C. SELECT 部门名,MIN(出生日期)FROM 部门 JOIN 职工；

WHERE 部门.部门号=职工.部门号 GROUP BY 部门名

    D. SELECT 部门名,MAX(出生日期)FROM 部门 JOIN 职工;

        WHERE 部门.部门号=职工.部门号 GROUP BY 部门名

33. 查询有 10 名以上(含 10 名.职工的部门信息(部门名和职工人数),并按职工人数降序排列。正确的命令是_____。

    A. SELECT 部门名，COUNT(职工号.AS 职工人数;

        FROM 部门，职工 WHERE 部门.部门号=职工.部门号;

        GROUP BY 部门名 HAVING COUNT(*.>=10);

        ORDER BY COUNT(职工号)ASC

    B. SELECT 部门名，COUNT(职工号.AS 职工人数;

        FROM 部门，职工 WHERE 部门.部门号=职工.部门号;

        GROUP BY 部门名 HAVING COUNT(*)>=10);

        ORDER BY COUNT(职工号)DESC

    C. SELECT 部门名,COUNT(职工号.AS 职工人数);

        FROM 部门，职工 WHERE 部门.部门号=职工.部门号;

        GROUP BY 部门名 HAVING COUNT(*)>=10);

        ORDER BY 职工人数 ASC

    D. SELECT 部门名,COUNT(职工号.AS 职工人数);

        FROM 部门，职工 WHERE 部门.部门号=职工.部门号;

        GROUP BY 部门名 HAVING COUNT(*)>=10);

        ORDER BY 职工人数 DESC

34.查询所有目前年龄在 35 岁以上(不含 35 岁)的职工信息(姓名、性别和年龄),正确的命令是_____。

    A. SELECT 姓名，性别，YEAR(DATE())-YEAR(出生日期) 年龄 FROM 职工);

        WHERE 年龄>35

    B. SELECT 姓名，性别，YEAR(DATE())-YEAR(出生日期) 年龄 FROM 职工);

        WHERE YEAR(出生日期)>35

    C. SELECT 姓名，性别，YEAR(DATE())-YEAR(出生日期) 年龄 FROM 职工);

        WHERE YEAR(DATE())-YEAR(出生日期)>35

    D. SELECT 姓名，性别,年龄=YEAR(DATE())-YEAR(出生日期)FROM 职工);

        WHERE YEAR(DATE())-YEAR(出生日期)>35

35. 为"工资"表增加一个"实发工资"字段的正确命令是_____。

    A. MODIFY TABLE 工资 ADD COLUMN 实发工资 N(9,2)

    B. MODIFY TABLE 工资 ADD FIELD 实发工资 N(9,2)

    C. ALTER TABLE 工资 ADD COLUMN 实发工资 N(9,2)

    D. ALTER TABLE 工资 ADD FIELD 实发工资 N(9,2)

二、填空题

1. SQL 的英文全称为_____。

2. 在 Visual Foxpro 支持的 SQL 语句中, 可以向表中输入记录的命令是_____; 可以查询表中内容的命令是_____。

3. 在 SQL 语句中，可以删除表中记录的命令是_____；可以从数据库中删除表的命令是_____。

4. 在 SQL 语句中，可以修改表结构的命令是_____；可以修改表中数据的命令是_____。

5. 在 SQL-SELECT 语句中，将查询结果存入数据表的短语是_____。

6. 在 SQL-SELECT 语句中，将查询结果按指定字段排序输出的短语是_____；将查询结果分组输出的短语是_____。

7. 在 SQL-SELECT 语句的 ORDER BY 子句中，DESC 表示按_____输出；省略 DESC 表示按_____输出。

8. 使用 SQL 的 SELECT 语句进行分组查询时，如果希望去掉不满足条件的分组，应在 GROUP BY 中使用_____子句。

9. SQL 支持集合的并运算，其运算符是_____。

10. 在 SQL 的 SELECT 查询语句中，HAVING 子句不可以单独使用，总是跟在_____子句之后一起使用。

11. 在 SQL 的 SELECT 查询语句中，使用_____子句可以实现消除查询结果中存在的重复记录。

12. 在 SELECT-SQL 语句中，字符串匹配运算符用_____，匹配符_____表示零个或多个字符，_____表示任何一个字符。

13. 使用 SQL 的 CREATE TABLE 语句定义表结构时，用_____短语说明关键字(主索引)。

14. 在 SQL 语句中，用于对查询结果进行计数的函数是_____。

15. 在 SQL 语句中，空值用_____来表示。

16. 在 SQL 语句中，要查询学生表在姓名字段上取空值的记录，正确的 SQL 语句为：SELECT * FROM 学生 WHERE_____。

17. 使用 SQL-Select 语句进行分组查询时，有时要求分组满足某个条件时才能查询，这是可以用_____子句来限定分组。

18. 检索总评成绩高于或者等于平均总成绩的学生的学号，其语句的格式为：

SELECT 学号 FROM 成绩 WHERE 总评成绩>=(SELECT_____FROM 成绩)

19. 在 Visual FoxPro 中，参照完整性规则包括更新规则、删除规则和_____规则。

20. 商品数据库中含有两个表：商品表和销售表，结构如下：

商品：商品编号 C(6)，商品名称 C(20)，进货价 N(12, 2)，销售价 N(12, 2)，备注 M

销售：流水号 C(6)，销售日期 D，商品编号 C(6)，销售数量 N(8, 2)

用 SELECT SQL 命令实现查询 2000 年 5 月 20 日所销售的各种商品的名称、销售量和销售总额，并按销售量从小到大排序的语句是：

SELECT 商品名称，SUM(销售数量)AS 销售量，SUM(_____) AS 销售总额 FROM 商品，销售；

WHERE 商品. 商品编号=销售. 商品编号_____销售日期={^2000/5/20}；

GROUP BY 商品名称 ORDER BY _____。

三、判断题

1. SQL 语言既是一种交互式语言，又是一种编译语言。

2. 如果一个查询需要对多个表进行操作时，这种查询称为连接查询。

3. FOREIGN KEY 约束的作用是指定某一个列或一组列作为外键 t。

4. 在 SQL 中，删除数据表的语句是 delete。

5. 如果在 SELECT-SQL 语句中使用了 TOP 子句，必须要同时使用 order 子句。

6. WHERE 子句和 group 子句都是用于筛选记录的，但作用对象不同。

7. 在 SELECT-SQL 中，多表的连接条件和记录的筛选条件都可以用 where 子句来指定。

8. 在 SELECT-SQL 中，用 percent 子句来指定输出记录的百分比。

9. 在创建数据表时，如果要将字段的输入值限定在某个区域，应使用 check 约束。

10. 在 SQL 的嵌套查询中，量词 ANY 和 all 是同义词。

第 4 章答案

一、选择题

1. B	2. C	3. A	4. B	5. A	6. D	7. B	8. C	9. C	10. C
11. B	12. D	13. C	14. A	15. B	16. B	17. D	18. A	19. D	20. A
21. A	22. B	23. D	24. D	25. C	26. A	27. B	28. C	29. D	30. C
31. A	32. A	33. D	34. C	35. C					

二、填空题

1. structured query language
2. Insert select
3. delete drop table
4. alter table update
5. into table
6. order by group by
7. 降序 升序
8. having
9. union
10. group by
11. distinct
12. like % -
13. primary key
14. count (.
15. null
16. 姓名 is null
17. where
18. avg ()
19. 插入
20. 销售数量×销售价 and 销售量

三、判断题

1. F	2. T	3. T	4. F	5. T	6. F	7. T	8. T	9. T	10. F

第 5 章 查询与视图

一、选择题

1. 以下关于"视图"的正确描述是_____。

    A．视图独立于表文件　　　　　　　　　　B．视图不可更新

    C．视图只能从一个表派生出来　　　　　　D．视图可以删除

2．关于视图和查询,以下叙述正确的是_____。

    A．视图和查询都只能在数据库中建立　　　B．视图和查询都不能在数据库中建立

    C．视图只能在数据库中建立　　　　　　　D．查询只能在数据库中建立

3．可以运行查询文件的命令是:_____。

    A．DO　　　　　　　B．BROWSE　　　　　C．DO QUERY　　　　D．CREATE QUERY

4．在视图设计器中有,而在查询设计器中没有的选项卡是_____。

    A．排序依据　　　　B．更新条件　　　　　C．分组依据　　　　　D．杂项

5．在使用查询设计器创建查询是,为了指定在查询结果中是否包含重复记录(对应于 DISTINCT),应该使用的选项卡是_____。

    A．排序依据　　　　B．连接　　　　　　　C．筛选　　　　　　　D．杂项

6．查询设计器中的"筛选"选项卡的作用是_____。

    A．查看生成的 SQL 代码　　　　　　　　B．指定查询条件

    C．增加或删除查询表　　　　　　　　　　D．选择所要查询的字段

7．在 Visual FoxPro 中,查询设计器和视图设计器很像,如下描述正确的是_____。

    A．使用查询设计器创建的是一个包含 SQL SELECT 语句的文本文件

    B．使用视图设计器创建的是一个包含 SQL SELECT 语句的文本文件

    C．查询和视图有相同的用途

    D．查询和视图实际都是一个存储数据的表

8．在 Visual FoxPro 中,关于视图的正确描述是_____。

    A．视图也称作窗口

    B．视图是一个预先定义好的 SQL SELECT 语句文件

    C．视图是一种用 SQL SELECT 语句定义的虚拟表

    D．视图是一个存储数据的特殊表

9．以下关于视图的描述正确的是_____。

    A．视图和表一样包含数据　　　　　　　　B．视图物理上不包含数据

    C．视图定义保存在命令文件中　　　　　　D．视图定义保存在视图文件中

10．以下关于"查询"的正确描述是_____。

    A．查询文件的扩展名为 PRG　　　　　　　B．查询保存在数据库文件中

    C．查询保存在表文件中　　　　　　　　　D．查询保存在查询文件中

11．在 Visual FoxPro 中,关于查询和视图的正确描述是_____。

A．查询是一个预先定义好的 SQL SELECT 语句文件

B．视图是一个预先定义好的 SQL SELECT 语句文件

C．查询和视图是同一种文件，只是名称不同

D．查询和视图都是一个存储数据的表

12．在 Visual FoxPro 中，以下关于视图描述中错误的是_____。

A．通过视图可以对表进行查询　　　　　　B．通过视图可以对表进行更新

C．视图是一个虚表　　　　　　　　　　　　D．视图就是一种查询

13．在 Visual FoxPro 中以下叙述正确的是_____。

A．利用视图可以修改数据　　　　　　　　　B．利用查询可以修改数据

C．查询和视图具有相同的作用　　　　　　　D．视图可以定义输出去向

14．以下关于"查询"的描述正确的是_____。

A．查询保存在项目文件中　　　　　　　　　B．查询保存在数据库文件中

C．查询保存在表文件中　　　　　　　　　　D．查询保存在查询文件中

二、填空题

1．在 Visual FoxPro 中为了通过视图修改的基本表中的数据，需要在视图设计器的_____选项卡设置有关属性。

2．查询设计器的"排序依据"选项卡对应于 SQL SELECT 语句的_____短语。

3．在 Visual FoxPro 中假设有查询文件 queryl. qpr，要执行该文件应使用命令_____。

4．在数据库中可以设计视图和查询，其中_____不能独立存储为文件(存储在数据库中)。

第 5 章答案

一、选择题

1．D　　　2．C　　　3．A　　　4．B　　　5．D　　　6．B　　　7．A　　　8．C　　　9．B　　　10．A

11．A　　　12．D　　　13．A　　　14．D

二、填空题

1．更新　　　　　2．order by　　　　　3．do query1.qpr　　　　　4．视图

第6章 Visual FoxPro 9.0 程序设计

一、选择题

1. 在 DO WHILE/ENDDO 循环中，若循环条件设置为.T.，则下列说法中正确的是_____。
   A．程序无法跳出循环
   B．程序不会出现死循环
   C．用 EXIT 可以跳出循环
   D．用 LOOP 可以跳出循环

2. 在 Visual FoxPro9.0 中，如果希望跳出 SCAN…ENDSCAN 循环体，执行 ENDSCAN 后面的语句，应使用_____语句。
   A．LOOP
   B．EXIT
   C．BREAK
   D．RETURN

3. 在 DO WHILE … ENDDO 循环结构中，LOOP 命令的作用是_____。
   A．退出过程，返回程序开始处
   B．转移到 DO WHILE 语句行，开始下一个判断和循环
   C．终止循环，将控制转移到本循环结构 ENDDO 后面的第一条语句继续执行
   D．终止程序执行

4. 以下有关 VFP 中过程文件的叙述，其中正确的是_____。
   A．先用 SET PROCEDURE TO 命令关闭原来已打开的过程文件，然后用 DO <过程名>执行
   B．可直接用 DO <过程名>执行
   C．先用 SET PROCEDURE TO <过程文件名>命令打开过程文件，然后用 USE <过程名>执行
   D．先用 SET PROCEDURE TO <过程文件名>命令打开过程文件，然后用 DO <过程名>执行

5. 不属于循环结构的语句是_____。
   A．SCAN…ENDSCAN
   B．IF…ENDIF
   C．FOR…ENDFOR
   D．DO WHILE…ENDDO

6. 在 Visual FoxPro 9.0 中，结构化程序设计所规定的三种基本控制结构是_____。
   A．输入，处理，输出
   B．树型，网型，环型
   C．顺序，选择，循环
   D．主程序，子程序，函数

7. 在 Visual FoxPro 9.0 中，建立程序文件的命令是_____。
   A．USE ABC.PRG
   B．MODIFY COMMAND
   C．MODIFY STRUCTURE
   D．MODIFY

8. 在 Visual FoxPro 9.0 中，程序文件的缺省扩展名是_____。
   A．FRM
   B．.PRG
   C．FOR
   D．DOC

9. 用 WAIT 命令给内存变量输入数据时，内存变量获得的数据是_____。
   A．任意长度的字符串
   B．一个字符串和一个回车符
   C．数值型数据
   D．一个字符

10. INPUT 命令接收的数据类型有_____。
    A．C，N
    B．C
    C．D，L
    D．C，D，N，L

11. 一个过程文件最多可以包含 128 个过程，每个过程的第一条语句是_____。

A. PARAMETER   B. DO <过程名>

C. <过程名>   D. PROCEDURE <过程名>

12. 在命令窗口赋值的变量默认的作用域是_____。

A. 全局   B. 局部   C. 私有   D. 不一定

13. 如果一个过程不包含 RETURN 语句，或 RETURN 语句中没有指定表达式，那么该过程_____。

A. 没有返回值   B. 返回 0   C. 返回.T.   D. 返回.F.

14. 将内存变量定义为全局变量的 Visual FoxPro 命令是_____。

A. LOCAL   B. PRIVATE   C. PUBLIC   D. GLOBAL

15. 有如下程序：

```
INPUT  TO  A
IF  A=10
    S=0
ENDIF
S=1
? S
```

假定从键盘输入的 A 值是数值型，上面条件选择程序的执行结果是_____。

A. 0   B. 1   C. 由 A 的值决定   D. 程序出错

16. A，B，C 均是数值变量，要求出其中最大的数并存入变量 MAX 中，下列正确的程序段是_____。

A. MAX=IIF(IIF(A>B,A,B)>C,IIF(A>B,B,A)C)

```
B. IF  A>B           C. IF  A>B           D. IF  A>B
       MAX=A                MAX=A                MAX=A
   ELSE                 IF  MAX<C            IF MAX>C
       MAX=B                MAX=C                MAX=A
   ENDIF                ELSE                 ELSE
   IF  MAX<C                MAX=B                MAX=C
       MAX=C            ENDIF                ENDIF
   ENDIF                ELSE                 ENDIF
                            MAX=B
                        ENDIF
                        ELSE
                            MAX=B
```

17. 有程序如下：

```
a=0
FOR i=2 TO 100 STEP 2
    a=a+i
ENDFOR
?a
RETURN
```

该程序执行的结果为_____。

A. 1 到 100 中奇数的和   B. 1 到 100 中偶数的和

C. 1 到 100 中所有数的和   D. 没有意义

18. 有如下程序：

```
DIMENSION  K(2,3)
```

```
    I=1
    DO  WHILE  I<=2
    J=1
      DO  WHILE  J<=3
        K(I,J)=I*J
        ?? K(I,J)
        ?? " "
        J=J+1
      ENDDO
      ?
      I=I+1
    ENDDO
```

运行此程序的结果是_____。

A. 1 2 3   B. 1 2 3

     2 4 6   3 2 1

C. 1 2 3   D. 1 2 3

     1 2 3   2 4 9

19. 有如下程序:

```
*程序名:TEST.PRG
SET  TALK  OFF
CLEAR ALL
mX="Visual FoxPro"
mY="二级"
DO SUB1  WITH  mX
?mY+mX
RETURN
*过程  SUB1
PROCEDURE SUB1
  PARAMETERS mX1
  LOCAL mX
  mX=" Visual FoxPro DBMS 考试"
  mY="计算机等级"+mY
ENDPROC
```

执行命令 DO TEST 后，屏幕的显示结果为_____。

A. 二级 Visual FoxPro

B. 计算机等级二级 Visual FoxPro DBMS 考试

C. 二级 Visual FoxPro DBMS 考试

D. 计算机等级二级 Visual FoxPro

20. 在命令文件与被调用过程之间的参数传递要求是_____。

A. 参数名相同   B. 参数个数相同   C. 对应参数类型相同   D. B 与 C 都对

二、填空题

1. 结构化程序设计有顺序结构、_____和_____3 种最基本的结构。

2. 命令文件的扩展名为_____，建立命令文件的命令为_____，执行命令文件的命令为_____。

3. 在 VFP9.0 中常用的人机交互命令有 WAIT、_____和_____。

4. _____交互命令只能接收单个字符，_____交互命令可以接收数值型和日期型数据。

5. 3 种循环结构分别为 DO WHILE…ENDDO、_____和_____。

6. 如果在一个循环程序的循环体内，又包含着另一个循环，这种结构形式称为_____。

7. 在 Visual FoxPro 中参数传递的方式有两种，一种是_____，另一种是_____。

8. 调用子程序使用命令_____。

9. 说明全局变量的命令关键字是_____关键字必须拼写完整。

10. Visual FoxPro 提供两种类型的函数：_____和_____。

三、判断题

1. accept 命令能够接收数值类型的数据。

2. FOR…ENDFOR 循环语句中的步长默认为 1。

3. prviate 命令用于建立私有变量。

4. 一个过程文件中可以包含多个过程，RETURN 语句表示一个过程的结束。

5. LOOP 和 EXIT 语句只能用在循环程序的循环体中。

6. 在 Visual FoxPro 程序中定义的内存变量，如果未经说明，都是全局变量。

7. 在调用模块程序过程中，若采用按值传递方式，则形参变量的改变会影响实参变量的取值。

8. 在程序中没有通过 public 和 local 命令事先声明，而由系统自动隐含建立的变量都是私有变量。

第 6 章答案

一、选择题

1. C   2. B   3. B   4. D   5. B   6. C   7. B   8. B   9. D   10. D

11. D   12. A   13. C   14. C   15. B   16. B   17. B   18. A   19. D   20. C

二、填空题

1. 选择   循环

2. .prg   modify command   do<命令文件名>

3. accept   input

4. wait   input

5. FOR…ENDFOR   SCAN…ENDSCAN

6. 循环嵌套

7. 值传递   引用传递

8. do

9. public

10. 标准函数   自定义函数

三、判断题

1. F   2. T   3. F   4. T   5. T   6. F   7. F   8. T

第7章 表单设计

一、选择题

1. 在表单中，添加一个选项按钮组 Optiongroup1，选项按钮的个数由_____属性值决定。

   A．Name   B．Caption   C．Value   D．ButtonCount

2. 当命令按钮的 Enabled 属性设置为_____时，命令按钮就不响应用户引发的事件。

   A．.F.   B．0   C．.T.   D．1

3. 命令按钮组对象的 NAME 属性(对象名)默认值是_____。

   A．Combo1   B．Optiongroup1   C．Pageframe1   D．Commandgroup1

4. _____属性，指定命令组或选项组中的按钮数。

   A．ButtonCount   B．ControlCount   C．FormCount   D．PageCount

5. 假设某个表单中有一个命令按钮 cmdClose，为了实现当用户单击此按钮时能够关闭该表单的功能，应在该按钮的 Click 事件中写入语句_____。

   A．ThisForm.Close   B．ThisForm.Erase   C．ThisForm.Release   D．ThisForm.Return

6. 在文本框控件中，InputMask 属性指定数据的输入格式和显示方式。如果输入数据为 5 位整数 2 位小数，则 InputMask 属性应设置为_____。

   A．XXXXX.XX   B．*****.**   C．#####.##   D．99999.99

7. 将文本框的_____属性值设置为"*"，在文本框中输入口令时，输入的口令内容显示为"*"。

   A.PasswordChar   B.Hide   C.Caption   D.LockScreen

8. _____属性，指定需要在控件中显示的位图文件(.BMP)，图标文件(.ICO)或通用字段。

   A．Font   B．Image   C．Picture   D．Visible

9. 单选按钮组对象的 NAME 属性(对象名)默认值是_____。

   A．Combo1   B．Optiongroup1   C．Pageframe1   D．Commandgroup1

10. 确定列表框内的某个条目是否被选定应使用的属性是_____。

    A．value   B．ColumnCount   C．ListCount   D．Selected

11. 在表单中，添加一个页框 Pageframe1，页的个数由_____属性值决定。

    A．Name   B．Caption   C．Pages   D．PageCount

12. 在表单中为表格控件指定数据源的属性是_____。

    A．DataSource   B．RecordSource   C．DataFrom   D．RecordFrom

13. 表格对象的 NAME 属性(对象名)默认值是_____。

    A．Grid1   B．Command1   C．Text1   D．Label1

14. 页框对象的 NAME 属性(对象名)默认值是_____。

    A．Edit1   B．Image1   C．Pageframe1   D．Grid1

15. 以下属于非容器类控件的是_____。

    A．Form   B．Label   C．page   D．Container

16. 控件获得焦点，使其成为活动对象的方法是_____。

A. SHOW   B. RELEASE   C. SETFOCUS   D. GOTFOCUS

17. _____方法, 为一个控件设置焦点。

    A. Click   B. LostFocus   C. SetFocus   D. GotFocus

18. 当_____时, LostFocus 事件发生。

    A. 对象失去焦点   B. 对象接收到焦点

    C. 用户按下并释放键盘上某个键   D. 用户在控件上按下并释放鼠标左键

19. 当_____时, KeyPress 事件发生。

    A. 对象失去焦点   B. 对象接收到焦点

    C. 用户按下并释放键盘上某个键   D. 用户在控件上按下并释放鼠标左键

20. 将鼠标指针放在一个控件上按下并释放鼠标左键, _____事件发生。

    A. SetFocus   B. LostFocus   C. GotFocus   D. Click

21. 当用户_____时, DblClick 事件发生。

    A. 按下并释放键盘上某个键   B. 按下一个鼠标键

    C. 按下并释放鼠标左键   D. 连续两次快速按下鼠标左键并释放

22. 当用户在控件上按下并释放鼠标右键时, _____事件发生。

    A. KeyPress   B. Click   C. DblClick   D. RightClick

23. 在使用键盘或鼠标更改控件的值时, _____事件发生。

    A. Click   B. SetFocus   C. GotFocus   D. InteractiveChange

24. Init 事件, 当_____时发生。

    A. 表单运行出错   B. 创建表单对象   C. 表单对象被释   D. 表单对象失去焦点

25. Unload 事件, 当_____时发生。

    A. 表单运行出错   B. 创建表单对象   C. 表单对象被释放   D. 表单对象失去焦点

26. Destroy 事件, 当_____时发生。

    A. 创建对象   B. 对象接收到焦点   C. 运行出错   D. 释放一个对象

27. 以下是表单的 Activate 事件的代码:

```
s=0
for n=10 to 0 step -5
  s=s+n
endfor
this. text1. value=s
```

这段代码执行后, 文本框 Text1 的值为_____。

A. -5   B. 0   C. 10   D. 15

28. 以下是表单的 Activate 事件的代码:

```
s=0
for n=10 to 0 step -2
  s=s+n
endfor
this. text1. value=s
```

这段代码执行后, 文本框 Text1 的值为_____。

A. 30   B. 10   C. 0   D. −2

29. 以下是表单的 Activate 事件的代码：

```
s=0
n=10
do while n>0
  s=s+n
  n=n-2
enddo
this. text1. value=s
```

这段代码执行后，文本框 Text1 的值为_____。

A. 0   B. 10   C. 30   D. 40

30. 如果想在运行表单 Form1 时，往 Text2 中输入字符，回显字符显示的是 "*"，则可以在 Form1 的 Init 事件中加入语句_____。

     A. FORM1.TEXT2.PASSWORDCHAR="*"   B. FORM1.TEXT2.PASSWORD="*"

     C. THISFORM.TEXT2.PASSWORD="*"   D. THISFORM.TEXT2.PASSWORDCHAR="*"

31. 表单文件扩展名是_____。

     A. frm   B. prg   C. scx   D. vcx

32. 刷新当前表单的程序代码是 ThisForm.Refresh，其中的 Refresh 是表单对象的_____。

     A. 属性   B. 事件   C. 方法   D. 标题

33. 如果在运行表单 FORM1 时，要使表单的标题显示 "登录窗口"，则可以在 Form1 的 Load 事件中加入语句_____。

     A. THISFORM.CAPTION="登录窗口"   B. FORM1.CAPTION="登录窗口"

     C. THISFORM.NAME="登录窗口"   D. FORM1.NAME="登录窗口"

34. 从内存中释放表单时，可使用_____方法。

     A. Move   B. RemoveObject   C. Release   D. Refresh

35. 能够将表单的 Visible 属性设置为.T.，并使表单成为活动对象的方法是_____。

     A. Hide   B. Show   C. Release   D. SetFocus

36. 在 Visual FoxPro 中，运行表单 T1.SCX 的命令是_____。

     A. DO T1   B. RUN FORM1 T1   C. DO FORM T1   D. DO FROM T1

37. _____关键字，提供了在方法中对当前对象的引用。

     A. THIS   B. THISFORM   C. PropertyName   D. ObjectName

38. _____关键字，提供了在方法中对包含对象的表单的引用。

     A. THISFORM   B. FormName   C. ObjectName   D. ObjectCaption

39. _____属性，提供了在方法中对对象的父对象的引用。

     A. THIS   B. THISFORM   C. Parent   D. Container

40. _____属性，指定在对象标题中显示的文本。

     A. Name   B. Value   C. Caption   D. TITLE

41. 当对象的 Enabled 属性设置为_____时，才能接收焦点。

     A. .T.   B. .F.   C. 0   D. 1

42. _____属性，指定对象是可见还是隐藏。

     A. Enabled   B. Visible   C. Hide   D. Show

43. _____属性，返回用户在控件的文本区域中选择的字符数目，或指定要选定的字符数目。

    A. SelLength   B. SelStart   C. SelText   D. Value

44. 对于标签控件，设置_____属性为.T.(真)时，控件可自动调整大小以容纳标题。

    A. AutoSize   B. Caption   C. Height   D. Width

45. 对于标签控件，_____属性设置为.T.(真)时，标签标题中的文本自动换行，标签在垂直方向缩放到恰好容纳标签标题中文本和字体大小，而水平方向的尺寸不更改。

    A. Caption   B. WordWrap   C. Height   D. Width

46. 图像对象的 NAME 属性(对象名)默认值是_____。

    A. Edit1   B. Image1   C. Check1   D. Grid1

47. 文本框对象的 NAME 属性(对象名)默认值是_____。

    A. Label1   B. Command1   C. Text1   D. Grid1

48. 在表单中添加一个文本框控件时，文本框控件的 Value 属性的默认数据类型为_____。

    A. 数值   B. 逻辑型   C. 字符型   D. 日期型

49. 在计时器(Timer)控件中，_____属性用来指定计时器的 Timer 事件的时间间隔毫秒数。

    A. Timer   B. Interval   C. Refresh   D. Second

50. 将计时器(Timer)控件的 Interval 属性设置为_____，计时器(Timer)控件的 Timer 事件之间的时间间隔为 0.1 秒。

    A. 1   B. 10   C. 100   D. 1000

二、填空题

1. 将当前表单的文本框 Text1 的 Value 属性设置为"新疆财经大学"的命令为_____。

2. 当通过用户操作或执行程序代码使对象失去焦点时，_____事件发生。

3. _____属性，指定控件是否依据其内容自动调节大小

4. _____方法，用于程序运行时，为一个控件指定焦点。

5. 将当前表单中的图像控件 Image1 设置为可见的命令 ThisForm.Image1._____=.T.。

6. _____属性，指定对象能否响应用户引发的事件。

7. _____方法，用于程序运行时，重画表单或控件，并刷新所有值。

8. 将当前表单中的命令按钮 Command1 设置不可见的命令为

ThisForm.Command1._____ =.F.。

9. 将鼠标指针放在一个控件上按下并释放鼠标左键，_____事件发生。

10. 将焦点移到当前表单的图像控件 Image1 上的命令为_____。

11. _____方法，用于释放表单。

12. _____属性，指定在对象标题中显示的文本。

13. 当通过用户操作或执行程序代码使对象接收到焦点时，_____事件发生。

14. 将当前表单中的标签 Label1 设置不可见的命令为 ThisForm.Label1._____=.F.。

15. _____方法，用于程序运行时，从内存中释放表单。

三、判断题

1. 使当前表单中的 Command1 按钮得到焦点的命令是 ThisForm.Command1.SetFocus。

2. 刷新当前表单的命令为 ThisForm.Refresh。

3. 如果未指定表单文件的扩展名，Visual FoxPro 自动指定表单文件的扩展名为.PJX。

4. 在 Visual FoxPro 中，表单(Form)是指数据库中各个表的清单。

5. 任何类型的字段都可以链接或嵌入 OLE 对象的数据。

6. 如果表单对象的 Enabled 属性设置为"假"(.F.)，则不显示该表单。

7. 通过 RecordSource 属性，可以为表格控件指定绑定的数据源。

8. visible 属性是用来指定对象是可见还是隐藏。

9. columncount 属性，指定表格、组合框或列表框控件中对象的数目。

10. 当用户按下并释放键盘上某个键时，click 事件发生。

第 7 章答案

一、选择题

1. D	2. A	3. D	4. A	5. C	6. D	7. A	8. B	9. B	10. D
11. D	12. B	13. A	14. C	15. B	16. D	17. C	18. B	19. C	20. D
21. D	22. D	23. D	24. B	25. C	26. D	27. D	28. A	29. C	30. D
31. C	32. C	33. A	34. B	35. C	36. C	37. A	38. A	39. C	40. C
41. A	42. B	43. A	44. A	45. B	46. B	47. C	48. C	49. B	50. C

二、填空题

1. ThisForm.Text1.value="新疆财经学院"
2. lostfocus
3. autosize
4. setfocus
5. visible
6. enabled
7. refresh
8. visible
9. click
10. ThisForm.image1.setfocus
11. release
12. caption
13. gotfocus
14. visible
15. unload

三、判断题

1. T	2. T	3. F	4. F	5. F	6. F	7. T	8. T	9. T	10. F

第 8 章　报表与标签设计

一、选择题

1. 报表的数据源可以是_____。

    A. 表或视图   B. 表或查询   C. 表、查询或视图   D. 表或其他报表

2. 报表的数据源不包括_____。

    A. 视图   B. 自由表   C. 数据库表   D. 文本文件

3. 对报表进行数据分组后，报表会自动包含的带区是_____。

    A. "细节"带区

    B. "组标头"和"组注脚"带区

    C. "细节"、"组标头"和"组注脚"带区

    D. "标题"、"细节"、"组标头"和"组注脚"带区

4. 在 Visual Foxpro 9.0 中，在屏幕上预览报表的命令是_____。

    A. PREVIEW REPORT   B. REPORT FORM…PREVIEW

    C. DO REPORT…PREVIEW   D. RUN REPORT…PREVIEW

5. Visual Foxpro 9.0 的报表文件 FRX 中保存的是_____。

    A. 打印报表的预览格式   B. 已经生成的完整报表

    C. 报表的格式和数据   D. 报表设计格式的定义

6. 利用"报表设计器"创建报表时，在默认情况下"报表设计器"显示_____。

    A. 1 个带区   B. 3 个带区   C. 5 个带区   D. 9 个带区

7. 一个表中"职称"、"性别"、"部门"字段，如果要连续显示同一部门中同一性别的不同职称的记录，可按关键字_____来建立索引。

    A. 部门   B. 部门+性别   C. 部门+性别+职称   D. 职称+性别+部门

8. 建立分组报表需要按_____进行索引和排序，否则不能保证正确分组。

    A. 升序   B. 分组表达式   C. 降序   D. 字段

9. 使用"报表设计器"可以创建和修改报表。若要在报表中显示原义文本，应选用_____控件。

    A. 域   B. 标签   C. 线条   D. 矩形

10. 使用"报表设计器"可以创建和修改报表。若要在报表中插入当前日期，首先在报表中插入一个_____控件，然后在"报表表达式"对话框中输入 DATE()。

    A. 域   B. 标签   C. 线条   D. 矩形

11. 使用"报表设计器"可以创建和修改报表。若要在报表中显示表达式，应选用_____控件。

    A. 域   B. 标签   C. 线条   D. 矩形

12. 使用"报表设计器"可以创建和修改报表。若要在报表中显示位图或通用字段，应选用_____控件。

    A. 标签   B. 线条   C. 矩形   D. 图片/ActiveX 绑定

13. 使用"报表设计器"可以创建和修改报表。若要在报表中显示直线，应选用_____控件。

  A. 域   B. 标签   C. 线条   D. 矩形

14. 调用报表格式文件 PP1 预览报表的命令是_____。

  A. REPORT FROM PP1 PREVIEW   B. DO FROM PP1 PREVIEW

  C. REPORT FORM PP1 PREVIEW   D. DO FORM PP1 PREVIEW

15. 使用"报表设计器"可以创建和修改报表。若要在报表中插入页码，首先在报表中插入一个_____控件，然后在表达式生成器中，从"变量"列表中选择_PAGENO。

  A. 域   B. 标签   C. 线条   D. 矩形

16. 使用"报表设计器"可以创建和修改报表。若要在报表中显示表的字段，应选用_____控件。

  A. 域   B. 标签   C. 矩形   D. 线条

17. 报表是按照_____来处理数据的。

  A. 数据源中记录的先后顺序   B. 主索引

  C. 任意顺序   D. 逻辑顺序

18. 报表控件中没有_____。

  A. 标签   B. 命令按钮   C. 线条   D. 矩形

19. 使用数据环境为报表添加数据，下列中的_____不是打开数据环境的命令。

  A. "显示"菜单中的数据环境   B. 快捷菜单中的"数据环境"

  C. "报表设计器"工具栏中的"数据环境" D. "报表控件"工具栏中的"数据环境"

20. 标签文件的扩展名为_____。

  A. SCX   B. LBX   C. MNX   D. FRT

二、填空题

1. 为修改已建立的报表文件打开报表设计器的命令是_____。

2. 为了在报表中插入一个文字说明，应该插入一个_____控件。

3. 报表由_____和_____两个基本部分组成。

4. 数据源是报表的数据来源，报表的数据源通常是数据库中的表或自由表也可以用_____、_____或临时表。

5. 在 Visual Foxpro 9.0 中，_____用来定义的报表打印格式。

6. 在 Visual Foxpro 9.0 中，多个数据分组基于_____。

7. 报表文件的扩展名为_____。

8. 启动报表设计器时，报表布局中只有 3 个带区，分别是为页标头，_____和页注脚。

9. 报表设计器包含若干带区，它们的作用是_____。

10. 如果已经设定了对报表分组，报表布局中将包含_____和_____带区。

三、判断题

1. 标签实质上是一种多列布局的特殊报表，它的文件扩展名为.LBT。

2. 报表以视图或查询作为数据源，是为了对输出记录进行筛选、分组和排序。

3. 为了在报表中打印当前时间，应该插入一个标签控件。

4. 在项目管理器的文档选项卡下可以用来管理报表。

5. 报表中通过报表控件中的字段控件来加入图片。

6. 要建立多个数据分组报表，数据源必须建立索引。

7. 首次启动报表设计器时，报表布局中有 4 个带区。

8. 可以通过快速报表、报表向导和报表生成器创建报表。

9. 设计报表时要显示字段的内容应该使用字段控件。

10. 文本文件可以作为报表的数据源。

第 8 章答案

一、选择题

1. C　　2. D　　3. B　　4. B　　5. D　　6. B　　7. C　　8. B　　9. B　　10. A

11. A　　12. D　　13. C　　14. C　　15. A　　16. A　　17. A　　18. B　　19. D　　20. B

二、填空题

1. modify report <报表文件名>　　　　2. 标签

3. 数据源布局　　　　　　　　　　　4. 视图查询

5. 报表布局　　　　　　　　　　　　6. 多重索引

7. FRX　　　　　　　　　　　　　　8. 细节

9. 控制数据在页面上的打印位置　　　10. 组标头　组注脚

三、判断题

1. F　　2. T　　3. F　　4. T　　5. F　　6. T　　7. F　　8. T　　9. T　　10. F

第 9 章 菜 单 设 计

一、选择题

1. 在 Visual Foxpro 9.0 中，菜单文件的扩展名为_____。
   A．.MNX　　　　　B．.MNT　　　　　C．.IDX　　　　　D．.PJT

2. 在命令窗口中执行_____命令，可以打开菜单设计器。
   A．MODIFY MENU <菜单文件名>　　　　B．OPEN MENU <菜单文件名>
   C．CREATE MENU <菜单文件名>　　　　D．DO MENU <菜单文件名>

3. 在 Visual FoxPro 中，使用"菜单设计器"定义菜单，最后生成的菜单程序的扩展名是_____。
   A．MNX　　　　　B．PRG　　　　　C.MPR　　　　　D．SPR

4. 假设已经生成了名为 mymenu 的菜单文件，执行该菜单文件的命令是_____。
   A．DO mymenu　　B．DO mymenu.mpr　　C．DO mymenu.pjx　　D．DO mymenu.mnx

5. 某个菜单项目的名称为"帮助"，如果需要为该菜单项设置热键【ALT+H】，则需要在菜单生成器对话框的"名称"栏目中设置_____。
   A．Alt+H　　　　　B．<H　　　　　C．Alt+\<H　　　　　D．\<H

6. 要将一个已设计好的菜单文件添加到表单中，需要_____。
   A．在表单的 Load 事件中调用菜单程序　　　　B．在表单的 Click 事件中调用菜单程序
   C．在表单的 Gotfocus 事件中调用菜单程序　　D．在表单的 Init 事件中调用菜单程序

7. 典型的菜单系统一般是一个_____。
   A.条形菜单　　　　B.弹出式菜单　　　　C.下拉式菜单　　　　D.主菜单

8. 关于菜单定义文件的说法，不正确的一项是_____。
   A．菜单定义文件存放着菜单的各项定义　　　　B．菜单定义文件本身是一个表文件
   C．菜单定义文件可以运行　　　　　　　　　　D．菜单定义文件不可以运行

9. 设计菜单要完成的最终操作是_____。
   A．浏览菜单　　　B．生成菜单程序　　　C．创建主菜单及子菜单　　D．指定子菜单任务

10. 下列_____是屏蔽系统菜单，使系统菜单不可用。
    A．SET SYSMENU NOSAVE　　　　　　B．SET SYSMENU SAVE
    C．SET SYSMENU TO　　　　　　　　　D．SET SYSMENU TO DEFAULT

二、填空题

1. Visual Foxpro 9.0 支持两种类型的菜单_____和_____。
2. 要为某个表单建立快捷菜单，通常是在该表单的_____事件代码中添加调用该快捷菜单的命令。
3. 要将 Visual Foxpro 9.0 系统菜单恢复为标准配置，可先执行_____，再执行_____。
4. 项目管理器的_____选项卡可以用来管理菜单。
5. 在 Visual Foxpro 9.0 中，使用_____可以创建下拉菜单，使用_____可以创建快捷菜单。
6. 设计菜单要完成的最终操作是_____。

7．菜单文件的扩展名是_____，菜单程序文件的扩展名是_____。

8．关闭系统菜单的命令是_____。

三、判断题

1．在命令窗口中输入 create menu，可以启动菜单设计器。

2．热键和快捷键的区别是使用快捷键时，菜单必须处于激活状态。

3．为一个表单创建一个快捷菜单，要打开这个菜单应当用事件。

4．将一个设计好的菜单文件添加到表单中，需要在表单的 Init 事件中写代码。

5．每一个菜单项都可以有选择的设置一个热键和一个快捷键。

6．每个菜单项都有一个标题和一个内部序号，内部序号供用户识别。

7．set sysmenu on 表示允许程序执行时访问系统菜单。

8．快捷菜单实际上是一个弹出式菜单。

9．可以用命令 modify menu<文件名>来修改一个已有菜单文件。

10．典型的菜单系统一般是一个下拉式菜单，通常由一个条形菜单和一组弹出式菜单组成。

第 9 章答案

一、选择题

1．A　　2．A　　3．C　　4．B　　5．D　　6．D　　7．C　　8．C　　9．B　　10．C

二、填空题

1．条形菜单　弹出式菜单　　　　　　2．rightclick

3．set sysmenu no save　set sysmenu to default　　4．其他

5．菜单设计器　快捷菜单设计器　　　6．生成菜单程序

7．.mnx　.mpr　　　　　　　　　　8．set sysmenu to

三、判断题

1．T　　2．F　　3．T　　4．T　　5．T　　6．F　　7．T　　8．T　　9．T　　10．T